就业技能培训教材

焊工基本技能

（第3版）

主　编　王文华　谢　琦

中国劳动社会保障出版社

图书在版编目(CIP)数据

焊工基本技能／王文华，谢琦主编. -- 3版. -- 北京：中国劳动社会保障出版社，2021

就业技能培训教材

ISBN 978-7-5167-5189-3

Ⅰ.①焊…　Ⅱ.①王…　②谢…　Ⅲ.①焊接-技术培训-教材　Ⅳ.①TG4

中国版本图书馆 CIP 数据核字(2021)第 257490 号

中国劳动社会保障出版社出版发行

(北京市惠新东街 1 号　邮政编码：100029)

*

北京市艺辉印刷有限公司印刷装订　　新华书店经销

880 毫米×1230 毫米　32 开本　8 印张　168 千字

2021 年 12 月第 3 版　　2026 年 2 月第 4 次印刷

定价：19.00 元

营销中心电话：400-606-6496

出版社网址：http://www.class.com.cn

前　言

国务院《关于推行终身职业技能培训制度的意见》提出，要围绕就业创业重点群体，广泛开展就业技能培训。为促进就业技能培训规范化发展，提升培训的针对性和有效性，人力资源社会保障部教材办公室对原职业技能短期培训教材进行了优化升级，组织编写了就业技能培训系列教材。本套教材以相应职业（工种）的国家职业技能标准和岗位要求为依据，力求体现以下特点：

全。教材覆盖各类就业技能培训，涉及职业素质类，农业技能类，生产、运输业技能类，服务业技能类，其他技能类五大类。

精。教材中只讲述必要的知识和技能，强调实用和够用，将最有效的就业技能传授给受培训者。

易。内容通俗，图文并茂，引入二维码技术提供增值服务，易于学习。

本套教材适合于各类就业技能培训。欢迎各单位和读者对教材中存在的不足之处提出宝贵意见和建议。

人力资源社会保障部教材办公室

内容简介

本书是焊工就业技能培训教材，首先介绍了焊工相关安全生产的知识，包括焊接劳动保护知识、焊接安全用电知识、焊接安全生产知识等；然后介绍了焊接基础知识，包括焊接材料、焊接工艺、焊接缺陷及防止措施等；之后介绍了常用的焊接方法，包括焊条电弧焊、手工钨极氩弧焊、CO_2 气体保护焊和气焊的方法；最后介绍了金属材料焊接的知识，包括碳钢焊接、低合金钢焊接、不锈钢焊接和铝及铝合金焊接。

本书在编写过程中吸取了《焊工基本技能（第一版）》《焊工基本技能（第二版）》实用技能突出的优点，并从当前焊工的实际需求出发，针对就业技能培训学员的特点，进一步强化了技能的实用性，配备了大量的示意图，帮助学员在实际操作中掌握焊工的基本技能。

本书由王文华、谢琦主编，王宁参加编写。

目　录

第 1 单元　安全生产 ………………………………………… 1

模块 1　焊接劳动保护知识 ………………………………… 1

模块 2　焊接安全用电 …………………………………… 8

模块 3　焊接安全生产 …………………………………… 15

第 2 单元　焊接基础知识 ……………………………………… 31

模块 1　焊接概述 ………………………………………… 31

模块 2　常用焊接材料 …………………………………… 36

模块 3　焊接工艺基础知识 ……………………………… 56

模块 4　焊接缺欠及防止措施 …………………………… 75

第 3 单元　常用焊接方法 ……………………………………… 101

模块 1　焊条电弧焊 ……………………………………… 101

模块 2　手工钨极氩弧焊 ………………………………… 151

模块 3　CO_2 气体保护焊 ……………………………… 164

模块4　气焊……………………………………………… 188

第4单元　金属材料焊接 ……………………………… 211

模块1　碳钢的焊接…………………………………… 211
模块2　低合金钢的焊接……………………………… 223
模块3　不锈钢的焊接………………………………… 229
模块4　铝及铝合金…………………………………… 239

第1单元 安全生产

模块1　焊接劳动保护知识

一、焊接环境中的职业性有害因素

1. 职业性有害因素的种类

职业性有害因素：在生产过程中，对职工健康和劳动能力会产生有害作用，并且可能导致急性或慢性疾病的有害因素。其可分为物理因素、化学因素和生物因素3类。

在焊条电弧焊、气焊、气割及碳弧气刨时，产生的职业性有害因素主要有以下6点。

（1）焊接光辐射。焊接光辐射是指焊接过程中产生的可见光、红外线和紫外线等。这些光辐射会对焊工的眼睛、皮肤造成急性和慢性的伤害。

（2）焊接烟尘。焊接过程中由于熔化金属的蒸发会形成烟尘，气割和碳弧气刨时会产生大量烟尘，在狭窄的地方及密闭容器、管道内烟尘更为严重。

（3）有毒有害气体。焊接过程中会产生氮氧化物、臭氧、一氧化碳和氟化物等有毒有害气体。例如，使用碱性焊条焊接时，药皮中的萤石在高温下会产生氟化氢气体，气焊黄铜时会导致锌大量蒸发形成有毒气体氧化锌。

（4）噪声与振动。焊接过程中会产生噪声，例如等离子切割、喷涂切割、碳弧气刨、焊缝打磨时，会发出强烈的噪声。在焊接或切割过程中，打磨工件和焊缝会接触到振动源，如角磨机、风铲等，焊工长期使用振动工具可以产生局部或全身性振动疾病。

（5）电离辐射。氩弧焊或等离子焊或切割使用的钍钨极中的钍元素，电子束焊接产生的X射线都可以产生电离辐射。

（6）电磁辐射。焊接过程中电场和磁场的交互变化产生的电磁波，此种电磁波向周围发射或泄漏的称为电磁辐射。

2. 职业性有害因素对人体的伤害

（1）焊接光辐射对眼睛和皮肤伤害。弧光中的紫外线可对人眼造成伤害，引起畏光、眼睛流泪、剧痛等症状，重者可导致电光性眼炎。紫外线还能烧伤皮肤。眼睛受到强红外线的辐射，时间过长会引起白内障。

（2）焊接烟尘造成焊工尘肺。焊工尘肺是指焊工长期吸入超过规定浓度的烟尘或粉尘所引起的肺组织纤维化的病症，是焊工易患的一种职业病。

（3）有毒有害气体中毒。焊接过程中产生的铅、锌等有毒有害气体进入人体可引起急性中毒或者吸入较高浓度的氟化氢气体，可立即引起眼、鼻和呼吸道刺激症状，严重时会导致支气管炎、肺炎。

（4）噪声性耳聋。焊接过程中会产生噪声和振动。焊工长期接触噪声可引起噪声性耳聋以及对神经系统、心血管系统的危害等。

（5）电离辐射引起放射病。电离辐射可以使焊工得放射病，造成神经系统、造血系统和消化系统的病理性改变。

（6）电磁辐射的危害。电磁辐射可能降低人的免疫能力，并对神经系统产生不利影响，出现全身乏力、易疲劳、头晕头疼、胸闷等症状。

二、焊接劳动保护用品种类及要求

1. 焊接防护服

焊接防护服的种类很多，最常用的是棉白帆布工作服。白色对弧光有反射作用，棉帆布有隔热、耐磨、不易燃烧等特点，可以起到防止烧伤和烫伤等作用。焊接与切割作业的工作服，不能用一般合成纤维织物制作。全位置焊接工作的焊工应配有皮制工作服。

2. 焊工电焊手套

焊工电焊手套一般为牛（猪）皮绒面或棉帆布和皮革制成，具有绝缘、耐辐射热、耐磨、不易燃和对高温金属飞溅物能反弹等特点。

3. 焊工防护鞋

焊工防护鞋应具有绝缘、抗热、不易燃、耐磨损和防滑的性能。焊工防护鞋的橡胶鞋底，经高压5 000 V耐压试验，合格（不击穿）后方能使用。在易燃易爆场合焊接时，鞋底不应有鞋钉，以免摩擦产生火星；在有积水的地面焊接、切割时，焊工应穿用经过6 000 V耐压试验合格的防水橡胶鞋。

4. 焊接防护面罩

焊接防护面罩上有合乎作业条件的滤光镜片，起保护眼睛的作用。壳体应选用阻燃或不燃的且不刺激皮肤的绝缘材料制成，应遮住脸面和耳部，结构牢靠，无漏光，起防止弧光辐射和熔融金属飞溅物烫伤面部和颈部的作用。在狭窄、密闭、通风不良的场合，焊工应采用输气式头盔或送风头盔。

5. 焊接护目镜

焊接护目镜是气焊、气割时使用的，主要起滤光、防止金属飞溅伤眼睛的作用。应根据焊接、切割工件板的厚度，火焰能率大小选择焊接护目镜。

6. 防尘口罩和防毒面具

在焊接、切割作业时，当采用整体或局部通风不能使烟尘浓度降低到允许浓度标准以下时，必须选用合适的防尘口罩和防毒面具，过滤或隔离烟尘和有毒气体。

7. 耳塞、耳罩和防噪声盔

国家标准规定工作企业噪声不应超过 85 dB，最高不能超过 90 dB。为了消除和降低噪声，经常采用隔声、消声、减振等一系列噪声控制技术。当仍不能将噪声降低到允许标准以下时，则应采用耳塞、耳罩或防噪声盔等个人噪声防护用品。

三、劳动保护用品的正确使用

1. 穿着工作服要求

穿着工作服时要把衣领和袖子扣扣好，上衣不应系在工作裤里边，工作服不应有破损、孔洞和缝隙，不允许沾有油脂，或穿着潮湿的工作服。

2. 仰焊、切割时劳动保护用品要求

为了防止火星、熔渣从高处溅落到头部和肩部，焊工应在颈部围毛巾，穿着用防燃材料制成的护肩、长套袖、围裙和鞋盖。

3. 电焊手套和防护鞋要求

电焊手套和防护鞋不应潮湿和破损。

4. 护目镜要求

应选择好气焊、气割护目镜的眼镜片，减少可见光的透过率。

5. 焊接头盔要求

采用输气式头盔或送风头盔时，应经常使口罩内保持适当的正压，若在寒冷季节，应将空气适当加热后再供人使用。

6. 听力防护要求

佩戴各种耳塞时，要将塞帽部分轻轻推入外耳道内，使它和耳道贴合，不要使劲太猛或塞得太紧。使用耳罩时，应先检查外壳有无裂纹和漏气，使用时务必使耳罩软垫圈与周围皮肤贴合。

四、焊接安全

1. 焊接场地安全检查

（1）焊接场地检查的必要性。由于焊接场地不符合安全要求造成火灾、爆炸、触电等事故时有发生，破坏性和危害性很大，要防患于未然，必须对焊接场地进行安全检查。

（2）焊接场地的类型。焊接作业场地一般有两类：一类是正常结构产品的焊接场地，如车间等；另一类是现场检修、抢修工作场地。

（3）焊接场地检查的内容

1）检查焊接与切割作业点的设备、工具、材料是否排列整齐，不可乱堆乱放。

2）检查焊接场地是否有必要的通道，且车辆通道宽度不小于 3 m，人行通道宽度不小于 1.5 m。

3）检查所有气焊胶管、焊接电缆是否互相缠绕，如有缠绕，必须分开；气瓶用后是否移出工作场地，各种气瓶不得随意横躺竖放。

4）检查焊工作业面积是否足够。焊工作业面积不小于 4 m^2，地面应干燥，工作场地要有良好的自然采光或局部照明，以保证工作面照度达到 50~100 lx。

5）检查焊割场地周围 10 m 范围内，各类易燃、易爆物品是否清除干净。如不能清除干净，应采取可靠的安全措施，如用水喷湿或用防火盖板、湿麻袋、石棉布等覆盖。放在焊割场地附近的可燃材料需预先采取安全措施。

6）室内作业应检查通风是否良好。多点焊接作业或与其他工种混合作业时，各工位间应设防护屏。

7）室外作业现场要检查如下内容：登高作业现场是否符合安全要求；在地沟、坑道、检查井、管段和半封闭地段等处作业时，应严格检查有无爆炸和中毒危险，应用仪器（如测爆仪、有毒气体分析仪）进行检验分析，禁止用明火及其他不安全的方法进行检查；对附近敞开的孔洞和地沟，应用石棉板盖严，防止火花进入。

2. 工具、夹具安全检查

为了保证焊接作业安全、顺利进行，保证获得较高质量的焊缝，焊接时焊工应备有必须的工具、夹具和辅助工具。

（1）工具

1）焊钳或焊枪。焊钳是焊条电弧焊时用来夹持焊条和传导电流的，焊枪是气体保护焊或其他焊接方法焊接时用来通气、导丝、导电的。焊接前应检查焊钳或焊枪的导电性能、隔热性能等。

2）角向磨光机。角向磨光机即平常所说的手砂轮，是用来修磨坡口、清除焊缝缺欠等常用的工具。

3）辅助用具。焊条电弧焊时常用的辅助工具有锤子、大锤、钢丝刷、扁铲、錾子、保温筒等。

（2）夹具。为保证焊件尺寸，提高装配效率，防止焊接变形，所采用的夹具叫作焊接夹具。焊条电弧焊常用的装配夹具有以下 4 种。

1）夹紧工具，用于紧固装配零件。常用的有楔口夹板、螺旋弓形夹，带压板的楔口收紧夹等。

2）压紧夹具，用于在装配时压紧焊件。使用时，夹具的一部分往往要定位焊在被装配的焊件上，焊接后再除去。常用的压紧夹具有带铁棒的压紧夹板、带压板的紧固螺栓、带楔条的压紧夹板等。

3）拉紧工具，用于将所装配零件的边缘拉到规定的尺寸，有杠杆、螺钉、导链等几种。

4）撑具，用于扩大或撑紧装配件用的一种工具，一般利用螺钉或正反螺钉来实现。

（3）为了保证焊工的安全，在焊接前应对所使用的工具、夹具进行检查。

1）焊钳或焊枪。焊接前应检查与焊接电缆接头处是否牢固，接头处不牢固，焊接时将影响电流的传导，甚至会打火花；另外，接触不良将使接头处产生较大的接触电阻，造成发热、变烫，影响焊工的操作。要检查钳口或导电嘴是否完好，有无损坏，以免影响焊接。

2）角向磨光机。要检查砂轮转动是否正常，有没有漏电的现象；砂轮片是否已经紧固、牢固，是否有裂纹、破损，要杜绝使用过程中砂轮碎片飞出伤人。

3）锤子。要检查锤头是否松动，避免在打击中锤头甩出伤人。

4）扁铲、錾子。应检查其边缘有无飞刺、裂痕，若有应及时清除，防止使用中碎块飞出伤人。

5）夹具。各类夹具，特别是带有螺钉的夹具，要检查其上的螺钉是否转动灵活，若已锈蚀则应除锈，并加以润滑，否则使用中会失去作用。

模块 2　焊接安全用电

焊接过程中，更换焊条、清理喷嘴或者更换导电嘴时，焊工可能触及带电部件，同时作业时，焊工也有可能会站在焊件上，而焊接电源的空载电压一般都超过了安全电压，故存在触电的可能性。此外，焊接电源与 380/220 V 的电网连接，一旦设备发生故障，或高压部分的绝缘破损，网路中的高压电就会直接输入到焊枪、焊件及焊机外壳上，造成焊工的触电伤害事故。

因此，焊接安全用电至关重要，特别是在容器、管道、船舱、锅炉内和钢结构架上操作时，周围都是金属，触电危险更大，更加需要关注焊接安全用电的问题。

一、电对人体伤害

1. 电对人体伤害的分类

人体是电的导体，当人与带电导体、漏电设备的外壳或其他带电的物体接触时，均可能导致人体的触电伤害。电对人体的伤害分 3 种形式：电击、电伤和电磁场生理伤害，见表 1–1。

表 1–1　　电对人体伤害的分类

类型	定义
电击	电流通过人体内部，使体内器官产生麻痹、痉挛、甚至刺激中枢神经系统而影响心脏正常功能
电伤	电流的热效应、化学效应或机械效应对人体的伤害，主要是指电弧烧伤、熔化金属溅出烫伤以及电烙印等
电磁场生理伤害	在高频电磁场的作用下，使人呈现头晕、乏力、记忆力减退、失眠、多梦等神经系统的症状

2. 电流对人体的危害因素

通常触电事故基本上指的是电击，绝大部分触电死亡也是由于电击所致。

电流对人体的危害因素：流经人体的电流强度、电流通过人体的持续时间、电流通过人体的途径、电流的频率、人体的健康状况，见表 1–2。

表 1–2　　电流对人体的危害因素

电流对人体的危害因素	危险程度
流经人体的电流强度	电流强度越大，越危险
电流通过人体的持续时间	持续时间越长，越危险

续表

电流对人体的危害因素	危险程度
电流通过人体的途径	途经心、肺和神经系统，危险较大
电流的频率	25~300 Hz 交流电最危险，1 000 Hz 以上伤害明显减少
人体的健康状况	患有心脏病、神经系统疾病和结核病的人，受电击伤害的程度都比较重

3. 常见触电类型

一般情况下，触电有以下几种情况，见表 1-3。

表 1-3　常见触电类型

类型	描述
低压单相触电	人体在地面或其他接地导体上，人体的其他某一部位触及一相带电体的触电事故
低压两相触电	人体两处同时触及两相带电体的触电事故，这时由于人体受到的电压可高达 380 V，所以危害性很大
跨步电压触电	当带电体接地有电流流入地下时，电流在接地点周围土壤中产生电压降，人在接地点周围，两脚之间出现的电压称为跨步电压。由此引起的触电事故称为跨步电压触电。高压故障接地处或有大电流流过的接地装置附近，都可能出现较高的跨步电压
高压电击	当人体过分接近 1 000 V 以上的高压电气设备时，高压电能将空气击穿，使电流通过人体，此时还伴有高温电弧，能把人烧伤

二、焊接触电

1. 焊接触电机理

（1）安全电压。一般情况下，安全电压是指不使人直接致死或致残的电压。一般环境条件下，允许持续接触的“安全特低电压”

是 36 V。

（2）一次电源触电。交流电焊机一次电压一般为单相 220 V 或三相 380 V，工频 50 Hz，其电压值大大超过安全电压（交流 50 V），频率是危险性最大的频段，触电危害性很大。

（3）输出焊接电压触电。交流电焊机空载电压≤80 V，实际一般为 70~90 V。显然，70~90 V 的交流电焊机空载电压也大于安全电压的上限（交流 50 V），有触电的危险。此外，由于存在环境潮湿、人体皮肤潮湿、触电时间长等情况，70~90 V 的电压造成人触电的风险将增大。

2. 焊接触电事故原因

（1）更换焊条、电机、焊接工件时，身体接触焊钳、焊条、焊枪等带电部分，而身体其他部位对地面或金属结构之间的绝缘不好形成回路。例如，在容器管道内、阴雨潮湿的地方或人体有大量汗水的情况下进行焊接。

（2）身体碰到裸露而带电的接头线、接线柱、导线、极板及破皮或绝缘失效的电线电缆而触电。

（3）在靠近高压电网的地方进行焊接时而引起的触电事故。

（4）电焊机线圈因雨淋或受潮导致绝缘损坏而漏电引起的触电事故。

（5）电焊机由于超负荷使用或内部短路而发热或有腐蚀性物质作用，致使绝缘性能降低而漏电引起的触电事故。

（6）电焊设备因受振动、撞击而使线圈或引线的绝缘造成机械性的损坏，同时破损的导线与铁芯或箱壳相连而漏电引起的触电事故。

（7）工作场地管理混乱，小金属物（如铁丝、铁屑、螺栓、螺母、焊条头之类）落入，一端碰到电线头，另一端碰到箱壳或铁芯而漏电。

（8）弧焊变压器的一次绕组与二次绕组之间绝缘破坏，错将变压器的输出端当输入端接到电网上，或者将输入电压为 220 V 的弧焊变压器错接到 380 V 的电网上，人体触及焊接回路裸导体而发生触电事故。误将相线接设备机壳，导致设备机壳带电而发生触电事故。

（9）触及绝缘破坏的电缆、开关等而发生触电事故。

（10）由于利用厂房的金属结构、管道、轨道、天车吊钩或其他金属物搭接作为焊接回路而发生触电事故。

三、预防焊接触电的安全措施

1. 防触电一般安全措施

（1）加强对焊工的电气安全技术教育，持证上岗。

（2）电焊设备与电力线路的连接、拆除以及电焊设备的电气维修必须由电工担任，焊工不得擅自处理。

（3）做好隔离防护。电焊设备应有良好的隔离防护装置，避免人体与带电体接触；伸出箱外的接线端应用防护罩盖好；有插销孔接头的设备，插销孔的导体应隐蔽在绝缘板平面内；设备的电源线长度越短越好，一般不超过 3 m，若临时需要较长电源线时，应在离地面 2.5 m 以上的墙壁上用瓷瓶隔离架设，不得将电源线拖在地面上；各设备之间，以及设备与墙壁之间至少要留 1 m 宽的通道；焊接设备和电源变压器之间的通道，宽度不能小于 1.5 m。

（4）保持良好绝缘。对焊接设备、电源线、焊接电缆及电焊工具等，要定期检查其绝缘性能（绝缘电阻、耐压强度、泄漏电流、介质损耗等）。

（5）装设自动断电装置。

（6）加强个人防护，防护服、电焊手套、绝缘胶鞋等符合安全使用要求。

（7）采取保护接地或接零措施。

2. 焊接设备防触电安全设施

（1）焊接设备的空载电压在满足焊接工艺的要求下不能太高，要保证焊工操作的安全。

（2）焊接设备的功率或容量能够满足在给定的焊接条件下正常进行焊接。

（3）焊接设备应设单独的控制装置。控制装置应能可靠切断设备的危险电流，以保证安全。焊接设备及附属装置安装空间应保证操作方便和安全。

（4）焊接设备带电部分对地、对外壳、相与相、线与线之间的绝缘电阻都不得小于安全数值。

（5）焊接设备有外露带电部分必须有完好的隔离防护装置，如防护罩、绝缘隔离板等。

（6）焊接设备的结构合理、便于维修，各接头处和连接件应牢固可靠。

（7）正常状态下焊接设备不带电的金属外壳，必须采用保护接零或接地的防护措施。

3. 焊接电缆防触电安全设施

（1）在多丝纯铜软芯线外包绝缘层，其绝缘电阻不得小于安全数值。

（2）电缆应轻便柔软，能任意弯曲和扭转，便于焊接操作。

（3）电缆应具有良好的抗机械损伤能力，有耐油、耐腐蚀等性能，以适应焊接工作环境。

（4）电缆的长度和截面应根据焊接工作条件按规定选择，避免超负荷使用。

（5）电缆最好使用整根的。如用短根接长使用时，其接头数目应不超过两个，接头处应用铜导体接牢且电阻要小，并将接头处用绝缘布包扎好。

（6）电缆与设备、焊钳、焊枪、工件的接触要良好。

（7）电缆应定期检查其绝缘性能，一般半年一次为宜。

4. 焊钳、焊枪防触电安全措施

（1）结构轻便、易于操作。

（2）绝缘性能和隔热性能要好。

（3）与电缆的连接须简便、牢靠，不得外露导线，以防触电。

5. 防护用品防触电安全措施

（1）电焊手套应用较柔软的皮革或帆布制作。电焊手套应保持完好和干燥。

（2）绝缘胶鞋应保持完好和干燥。

（3）面罩应尽量不用或少用金属材料，非用不可的金属件应保证在正常使用时不能接触到人体。

（4）焊接防护服应保持完整、干燥，布料应结实、耐磨，而且耐火性能要好，不产生静电。

(5) 在锅炉、容器、管道类工件内施焊时，应使用绝缘垫板，以防止触电。照明灯必须采用安全电压电源，一般不宜超过 12 V。

模块 3　焊接安全生产

一、已用容器、管道焊割安全生产

容器（塔、罐、柜、槽、箱、桶等）和管道在使用过程中，时常会出现裂纹或泄漏等现象，需要停运检修或抢修。这种情况往往时间紧、任务急，且有易燃、易爆、易中毒、高温或高压的复杂情况，稍有疏忽就可能发生爆炸、火灾和中毒事故。因此，在容器和管道的焊割作业时，必须十分重视安全生产。

1. 动火证

对容器和管道进行焊接（电焊、气焊）或切割作业前必须按规定办理动火证。

2. 置换动火

置换动火就是在焊接或火焰切割前，用水和不燃气体（蒸汽）置换容器或管道中的可燃或有毒介质，使容器或管道内的介质含量符合规定的要求，从而保证焊接或火焰切割作业的安全。

置换动火优点：比较安全、妥善，在容器、管道的生产检修工作中被广泛采用；缺点：置换时，容器、管道需要暂停使用，且在置换过程中要不断取样分析，直至合格后才能动火，动火后还需再置换，因此，较费时、麻烦。此外，如果管道或容器中存在死角，则往往不易置换干净而留下隐患。

3. 常见爆炸、火灾的原因

（1）动火前，对容器或管道内、外介质的取样分析不准确，或取样部位不适当，结果在容器、管道内或动火点周围存在着爆炸性混合物。

（2）在焊补过程中，周围条件发生了变化。

（3）正在检修的容器或管道系统与正在生产的系统未隔离，使易爆介质互相串通，进入动火区域。

4. 置换焊接或切割的安全技术措施

（1）固定动火区。为使焊接或火焰切割受控与便于管理，应划定固定动火区。凡可拆卸并有条件移动到固定动火区动火的容器或管道，必须移至固定动火区内进行焊接或火焰切割。固定动火区必须符合下列要求：

1）无可燃气管道和设备，并且距易燃、易爆设备管道 10 m 以上。

2）室内的固定动火区与防爆的生产现场要隔开，不能有门窗、地沟等串通。

3）运行中的设备或管道系统在正常放空或一旦发生事故时，可燃气体等介质不能扩散到动火区。

4）要常备足够数量的灭火工具和设备。

5）固定动火区内禁止使用各种易燃物质。

6）作业区周围要划定界线，悬挂防火安全标志。

（2）现场隔绝。现场检修时，要先停止待检修设备或管道的工作，然后采取可靠的隔绝措施，使要检修、焊接的设备与其他设备（特别是生产部分的设备）完全隔绝，以保证可燃物料等介质不能扩散到动火区域。一般来讲，可靠隔绝方法是安装盲板或拆除一段连接管线。盲板材料、规格和加工精度等技术条件一定要符合国家标准，并正确装配，保证盲板有足够的强度、严密不漏。在盲板与阀门之间应加设放空管或压力表，并派专人看守。对拆除管路的，注意在生产系统或存有物料的一侧上好堵板，堵板同样要符合国家标准的技术要求。还应注意常压敞口设备的空间隔绝，保证火星不能与容器口逸散出来的可燃物接触。

（3）实行彻底置换。做好隔绝工作之后，设备本身必须排尽物料，把容器及管道内的可燃性或有毒性介质彻底置换。在置换过程中要不断地取样分析，直至容器管道内的可燃、有毒物质含量符合安全要求。

常用的置换介质有氮气、水蒸气或水等。置换方法要视被置换介质与置换介质的密度而定，当置换介质比被置换介质密度大时，应由容器或管道的最低点送进置换介质，由最高点向外排放被置换介质。以气体为置换介质时的需用量一般为被置换介质容积的 3 倍以上。某些被置换的可燃气体有滞留的性质，或者同置换气体的密度相差不大，此时应注意置换的不彻底或两者相互混合的问题。因此，置换的彻底性不能仅看置换介质的用量，而是要以气体成分的化验分析结果为准。以水为置换介质时，将设备管道灌满水即可。

（4）正确清洗容器。容器及管道置换处理后，其内外都必须清洗干净。有些可燃、易爆介质被吸附在设备及管道内壁的积垢或外表面的保温材料中，液体可燃物会附着在容器及管道的内壁上，如果不彻底清洗，由于温度和压力变化的影响，可燃物会逐渐释放出来，使本来合格的动火条件变成不合格，更甚至可能导致火灾爆炸事故的发生。

可用热水蒸煮、酸洗、碱洗或用溶剂清洗，使容器及管道内壁上的结垢物等软化溶解而除去。采用何种方法清洗应根据具体情况确定。碱洗是用氢氧化钠水溶液进行清洗的，其清洗过程：先在容器中加入所需的清水，然后把定量的碱片分批逐渐加入，同时缓慢搅动，待全部碱片均加入溶解后，方可通入水蒸气煮沸。蒸气管的末端必须伸至液体的底部，以防通入水蒸气后有碱液泡沫溅出。禁止先放碱片后加清水（尤其是热水），因为氢氧化钠溶解时会产生大量的热，使液体涌出容器或管道而灼伤操作者。

对于用清洗法不能清洗干净的结垢物，操作人员应穿戴防护用品，进入设备内部用不发火的工具铲除，如用木质、黄铜（含铜70%以下）或铝质的刀、刷等，也可用水力、风动和电动机械以吸喷砂的方法清除。清洁也不能留死角。

（5）动火分析。动火分析就是对设备和管道以及周围环境的气体进行取样分析。动火分析不但能保证开始动火时符合动火条件，而且可以掌握动火作业过程中动火条件的变化情况。在置换作业过程中和动火作业前，应不断从容器及管道内外的不同部位取气体样品进行分析，检查易燃、易爆气体及有毒气体的含量。检查合格后，应尽快实施作业，超过规定时间，应重新取样分析。要注意取样的代表性，以使数据准确可靠。动火作业开始后每隔一定时间仍需对作业现场环境做分析，动火分析的时间间隔应根据现场情况来确定。若有关气体含量超过规定要求，应立即停止动火作业，再次清洗并取样分析，直到合格为止。

（6）严禁焊补未开孔洞的密封容器。焊补前应打开容器的人孔、手孔、清洁孔及料孔等，并应保持良好的通风。严禁焊补未开孔洞的密封容器。在容器及管道内需采用气焊或气割时，焊、割炬的点火与熄火应在容器外部进行，以防过多的乙炔气聚集在容器及管道内。

二、高空焊接安全生产

高空作业通常指的是高处作业，指人在一定位置为基准的高处进行的作业。GB/T 3608—2008《高处作业分级》规定："在距坠落高度基准面2 m以上（含2 m）有可能坠落的高处进行作业，都称为高处作业。"根据这一规定，在建筑业中涉及高处作业的范围是相当广泛的。在建筑物内作业时，若在2 m以上的架子上进行操作，也为高处作业。

高处作业存在的主要危险是坠落，而高处焊接将高处作业和焊接作业的危险因素叠加起来，增大了危险性。其安全问题主要有防坠落、防触电、防火、防爆以及其他的个人防护等。因此，高处焊接时必须遵守以下安全要求。

（1）高处进行焊接时，应避开高压线、裸导线和低压电线。不可避免时，必须断电，并在电闸标识有人作业，严禁合闸。

（2）高处进行焊接时，电焊机与高处焊接作业点的下部距离10 m以上，并设置监护人。紧急情况下，应立即切断电源或采取其他抢救措施。

（3）高处进行焊接时，登高焊接人员穿着轻便的防护服，戴好安全帽，穿绝缘靴，严禁穿硬底鞋和易滑鞋。要使用标准的防火安全带，不能用耐热性能差的尼龙安全带，且安全带应牢固、可靠，长度适宜。

（4）高处进行焊接时，登高梯子应符合安全要求，梯角应防滑，上下端应牢靠，与地面夹角不应大于60°。人字梯的夹角约40°，并用限跨铁钩挂牢。不准两人在一个梯子上同时作业。禁止使用装过易燃、易爆物质的容器作为登高的垫脚物。

（5）高处进行焊接时，脚手板宽度单人道不得小于0.6 m，双行人道不得小于1.2 m，坡度不得大于1∶3，板面应有防滑条并安装扶手。板材需要经过检查，强度要足够，不得有机械损伤和腐蚀，使用的安全网要张挺，不得留缺口。

（6）高处进行焊接时，所使用的焊条、工具、小零件等必须装在牢固的无空洞的工具袋内，防止落下伤人。焊条头不得乱扔，以免烫伤、砸伤地面人员，或引起火灾。

（7）在高处进行焊接时，为防止火花或飞溅引起燃烧和爆炸事故，应将动火点下部的易燃、易爆物品转移到安全地点。对确实无法移动的可燃物品应采取可靠防护措施。

（8）患有高血压、心脏病、精神病以及不适合登高作业人员不得进行焊接作业。登高作业人员必须进行健康检查。

（9）恶劣天气，如六级以上大风、下雨、下雪或雾天，不得登高焊接作业。

三、气焊安全生产

1. 气焊操作中的安全事故原因及防护措施

由于气焊使用的是易燃、易爆气体及各种气瓶，而且又是明火操作，因此在气焊过程中存在很多不安全的因素，在操作中必须遵守安全规程并予以防护。气焊中的安全事故主要有以下几个方面。

（1）爆炸事故原因及其防护措施

1）气瓶温度过高引起爆炸。气瓶内的压力与温度有密切关系，随着温度的上升，气瓶内的压力也将上升，当压力超过气瓶耐压极限时就将发生爆炸。因此，严禁暴晒气瓶，气瓶的放置应远离热源，以避免温度升高引起爆炸。

2）气瓶受到剧烈振动也会引起爆炸，要防止气瓶磕碰和剧烈颠簸。

3）可燃气体与空气或氧气混合比例不当，会形成具有爆炸性的预混气体，应按照规定控制气体混合比例。

4）氧气与油脂类物质接触也会引起爆炸，要隔绝油脂类物质与氧气的接触。

（2）火灾及其防护措施。由于气焊是明火操作，如果火星和高温熔渣遇到可燃、易燃物质时，就会引起火灾，造成重大危害。为防止焊接作业发生火灾事故，必须采取以下措施。

1）焊工在焊接中应严格遵守企业规定的防火安全管理制度，在企业规定的禁火区内，不准焊接。需要焊接时，必须把工件移到指定的动火区内或在安全区进行。

2）焊接作业的可燃、易燃物料，与焊接作业点火源距离不应小于 10 m。

3）焊接作业时，如附近墙体和地面上留有孔洞、缝隙以及运输带连通孔等，都应采取封闭或屏蔽措施。

4）焊接工作地点有以下情况时禁止焊接作业。

①堆存大量易燃物料（如漆料、棉花、硫酸、干草等），而又不可能采取防护措施时。

②可能形成易燃、易爆蒸气或积聚爆炸性粉尘时。

③五、六级以上大风又无防护措施时。

5）在易燃、易爆环境中焊接、切割时，应按化工企业焊接、切割安全专业标准有关的规定执行。

6）焊接车间或工作地区必须配有足够的水源、干砂、灭火工具和灭火器材。应根据扑救物料的燃烧性能，选用灭火器材。存放的灭火器材应经过检验是合格的、有效的。

7）焊接工作完毕应及时清理现场，彻底消除火种，经专人检查确认完全消除危险后，方可离开现场。

（3）烧伤、烫伤及其防护措施

1）因焊炬漏气而造成烧伤。

2）因焊炬无射吸能力发生回火而造成烧伤。

3）气焊中产生的火花和各种金属及熔渣飞溅，尤其是全位置焊接还会出现熔滴下落现象，更易造成烫伤。

因此，焊工要穿戴好防护器具，控制好焊接的速度，减少金属及熔渣飞溅和熔滴下落。

（4）有害气体中毒及其防护措施。气焊中会遇到各类不同的有害气体和烟尘。例如，铅的蒸发引起铅中毒；焊接黄铜产生的锌蒸气引起锌中毒；某些焊剂中的有毒元素，如有色金属焊剂中含有的氯化物和氟化物，在焊接中会产生氯盐和氟盐的燃烧产物，会引起焊工急性中毒。另外，乙炔和液化石油气中均含有一定的硫化氢、磷化氢，也都能引起中毒。所以，气焊中必须加强通风。

2. 气瓶的安全使用

（1）氧气瓶的安全使用

1）氧气瓶在使用过程中，必须根据国家《气瓶安全技术规程》要求，进行定期的技术检验。

2）氧气瓶在运送时应避免相互碰撞，不能与可燃气瓶、油料及其他可燃物放在一起运输。在厂内运输时应用专用小车，并牢固固定，不能把氧气瓶放在地上滚动，以免发生事故。

3）使用氧气瓶前，应稍打开瓶阀，吹掉瓶阀上黏附的细屑或脏物后立即关闭，然后接上减压器再使用。

4）开启瓶阀时，应站在瓶阀气体喷出方向的侧面并缓慢开启，避免气流朝向人体。

5）严禁让沾有油脂的手套、棉纱和工具同氧气瓶、瓶阀、减压器及管路等接触。

6）操作中氧气瓶应距离乙炔瓶、明火和热源大于 5 m。

7）瓶阀发生冻结现象时，严禁使用火焰加热或使用铁器一类的东西猛击，只可用热水或水蒸气解冻。

8）气瓶和电焊在同一作业地点使用时，为了防止气瓶带电，应在瓶底垫绝缘物。

9）氧气瓶内的气体不能全部用尽，应留有余压 0.1～0.3 MPa，并关紧阀门，防止漏气，使瓶内保持正压，防止空气进入。

10）禁止采用拧紧瓶阀或垫圈螺母的方法消除带压力的氧气瓶泄漏。禁止手托瓶帽移动氧气瓶。

11）禁止使用氧气代替压缩空气吹净工作服、乙炔管道。禁止将氧气用作试压和气动工具的气源。禁止用氧气对局部焊接部位通风换气。

（2）乙炔气瓶的安全使用

1）乙炔气瓶必须是由国家定点厂家生产，新瓶的合格证必须齐全，并与钢瓶肩部的钢印相符。使用过程中，气瓶必须根据国家有关规定，进行定期技术检验。

2）乙炔气瓶搬运、装卸、使用时都应竖立放稳，严禁在地面上卧放使用。一旦要使用卧放的乙炔气瓶，必须先直立后，静置20 min后再连接乙炔减压器使用。

3）乙炔气瓶一般应在40 ℃以下使用，当环境温度超过40 ℃时，应采取有效的降温措施。

4）乙炔气瓶使用时，禁止敲击、碰撞，不得靠近热源和电气设备。

5）使用乙炔气瓶时，必须安装回火防止器。开启瓶阀时，焊工应站在阀口侧后方，动作要轻缓，瓶阀开启不要超过1.5圈，一般情况只开启3/4圈。

6）乙炔瓶阀必须与乙炔减压器连接可靠。严禁在漏气的情况下使用，否则，一旦触及明火将可能发生爆炸事故。

7）乙炔气瓶内气体严禁用尽，必须留有一定的剩余压力（0.1 MPa）。

8）禁止在乙炔气瓶上放置物件、工具，或缠绕、悬挂橡胶软管和焊炬、割炬等。

9）瓶阀冻结时，可用40 ℃热水解冻，严禁火烤。

（3）液化石油气瓶的安全使用

1）瓶阀必须密封严实，瓶座、护罩齐全。使用过程中应定期做水压试验。

2）气瓶应距离明火和飞溅火花不小于 5 m。露天使用时，瓶体应避免日光直晒。

3）气瓶内不得充满液体，必须留出 20%的气化空间，以防止液体随环境温度的升高而膨胀，导致气瓶破裂。

4）冬季使用时，可用 40 ℃以下的温水加热或用蛇管式、列管式热水汽化器。禁止把液化石油气瓶直接放在加热炉旁或用明火烘烤。

5）液化石油气瓶应加装减压器，禁止用胶管直接同气瓶阀连接。

6）气瓶所剩残液不得自行倒出，因残液蒸发可能会造成事故。

7）液化石油气瓶内的气体禁止用尽，瓶内应留有一定量的余气，便于充装前检查气样和防止其他气体进入瓶内。

8）要经常检查气瓶阀门及连接管接头等处的密封情况，防止漏气。气瓶用完后要关闭全部阀门，严防漏气。

9）如果用旧的氧气瓶或乙炔气瓶充装液化石油气时，必须有明显标志，以防止气体混用造成事故。

3. 减压器的安全使用

（1）减压器应选用符合国家标准规定的产品。如果减压器存在表针指示失灵、阀门泄漏、表体含有油污未处理等缺欠，禁止使用。

（2）氧气瓶、乙炔气瓶、液化石油气瓶等都应使用各自专用的减压器，不得自行换用。

（3）安装减压器前，应稍许打开气瓶阀吹除瓶口上的污物。瓶阀应慢慢打开，不得用力过猛，以防止高压气体冲击损坏减压器。焊工应站立在瓶口的一侧。

（4）减压器应牢固地安装在气瓶上。采用螺纹连接时要拧紧 5

个螺距以上；采用专用夹具压紧时，装夹应平整、牢靠，防止减压器使用中脱落造成事故。

（5）当发现减压器发生自流现象和减压器漏气时，应迅速关闭气瓶阀，卸下减压器，并送专业修理点检修，不准自行修理后使用。新修好的减压器应有检修合格证明。

（6）同时使用两种气体进行焊接时，不同气瓶减压器的出口端应各自装有单向阀，防止相互倒灌。

（7）禁止用棉、麻绳或一般橡胶等易燃材料作为氧气减压器的密封垫圈。

（8）必须保证用于液化石油气、乙炔或二氧化碳等的减压器位于瓶体的最高部位，防止瓶内液体流入减压器。

（9）冬季使用减压器应采取防冻措施。如果减压器发生冻结，应用热水或水蒸气解冻，严禁火烤、锤击和摔打。

（10）减压器卸压的顺序：首先关闭高压气瓶的瓶阀；其次放出减压器内的全部余气；最后放松压力调节螺钉，使表针降至零位。

（11）不准在减压器上挂放任何物件。

4. 焊炬的安全使用

（1）焊炬应符合《等压式焊炬、割炬》《射吸式焊炬》的要求。

（2）焊炬的内腔要光滑，气路通畅，阀门严密，调节灵敏，连接部位紧密而不泄漏。

（3）焊工在使用焊炬前应检查焊炬的射吸能力。检查的方法：将氧气胶管接到焊炬的氧气接头上；开启氧气，调节至工作压力；开启焊炬的乙炔阀和混合氧气阀，使氧气自焊嘴中喷出；检查乙炔进口是否有向内的吸力。如果乙炔口有足够的吸力并随着氧气流量的增大而增强，说明焊炬有射吸能力，是合格的；如果开启氧气阀门后乙炔气入口处无何内吸力或有氧气流出，说明焊炬没有射吸能力，是不合格的。严禁使用没有射吸能力的焊炬。

（4）检查合格后才能点火。点火时应先把氧气阀稍微打开，然后打开乙炔阀。点火后立即调整火焰，使火焰达到正常情况。或者可在点火时先开乙炔阀点火，使乙炔燃烧并冒烟灰，此时立即开氧气阀调节火焰。这种方法的缺点是有烟灰，优点是当焊炬不正常，点火并开始送气后，有发生回火现象便于立即关闭氧阀，防止回火爆炸。

（5）停止使用时，应先关乙炔阀，然后关氧气阀，以防止火焰倒流和产生烟灰。当发生回火时，应先迅速关闭氧气阀，再关乙炔阀。等回火熄灭后，应将焊嘴放在水中冷却，然后打开氧气阀，吹除焊炬内的烟灰，再点火使用。

（6）禁止在使用中把焊炬的嘴在平面上摩擦来清除嘴上的堵塞物。不准把点燃的焊炬放在工件或地面上。

（7）焊炬上均不允许沾染油脂，以防遇氧气产生燃烧和爆炸。

（8）焊嘴温度过高时，应暂停使用或放入水中冷却。

（9）焊炬暂不使用时，不可将其放在坑道、地沟或空气不流通的工件以及容器内。防止因气阀不严密而漏出乙炔，使这些空间内存积易爆炸混合气，造成遇明火而发生爆炸。

（10）使用完毕后，应将焊炬连同胶管一起挂在适当的地方，或将胶管拆下，将焊炬放在工具箱内。

5. 胶管的安全使用

（1）胶管要有足够的抗压强度和阻燃特性。

（2）新胶管使用前，应将管内滑石粉吹除干净。

（3）胶管应避免暴晒、雨淋，避免和其他有机熔剂（酸、碱、油）接触，存放温度在-15~40 ℃。

（4）工作前应检查胶管有无磨损、扎伤、刺孔、老化裂纹等，发现有上述情况应及时修理或更换。禁止使用回火烧损的胶管。

（5）胶管的长度一般在10~15 m，过长会增加气体流动的阻力。氧气胶管两端接头用夹子夹紧或用软钢丝扎紧。乙炔胶管只要能插上不漏气便可，不要连接过紧。

（6）液化石油气胶管必须使用耐油胶管，爆破压力应大于4倍工作压力。

6. 气焊的主要安全操作

（1）所有独立从事气焊作业人员必须经指定部门培训，经考试合格后持证上岗。

（2）气焊作业人员在作业中应严格按各种设备及工具的安全使用规程操作设备和使用工具。

（3）所有气路、容器和接头的检漏应使用肥皂水，严禁明火检漏。

（4）工作前应将工作服、手套及工作鞋、护目镜等穿戴整齐。各种防护用品均应符合国家有关标准的规定。

（5）各种气瓶均应竖立稳固或装在专用的胶轮车上使用。

（6）气焊作业人员应备有开启各种气瓶的专用扳手。

（7）禁止使用各种气瓶做登高支架或支撑重物的衬垫。

（8）焊接前应检查工作场地周围的环境，不要靠近易燃、易爆物品。如果有易燃、易爆物品，应将其移至5 m以外。

（9）焊接盛装过易燃、易爆物料（如油、漆料、有机溶剂、脂等）、强氧化物或有毒物料的各种容器（桶、罐、箱等）、管段、设备，必须遵守有关规定，采取安全措施。并且应获得本企业和消防管理部门的动火证明后才能进行作业。

（10）在狭窄和通风不良的地沟、坑道、检查井、管段等半封闭场进行气焊作业时，应在地面调节好焊炬混合气，并点好火焰，再进入焊接场所。焊炬应随人进出，严禁放在工作地点。

（11）在密闭容器、桶、罐、舱室中进行气焊作业时，应先打开施工处的孔、洞、窗，使内部空气流通，防止焊工中毒烫伤。必要时要有专人监护。工作完毕或暂停时，焊炬及胶管必须随人进出，严禁放在工作地点。

（12）禁止在带压力或带电压的容器、罐、柜、管道、设备上进行焊接作业。在特殊情况下需从事上述工作时，应向上级主管安全部门申请，经批准并做好安全防护措施后操作方可进行。

（13）焊接现场禁止将气体胶管与焊接电缆、钢绳绞在一起。

（14）焊接胶管应妥善固定，禁止缠绕在焊工身上作业。

（15）在已停止运转的机器中进行焊接作业时，必须彻底切断机器（包括主机、辅助机、运转机构）的电源和气源，锁住启动开关，并设置明确安全标志，由专人看管。

（16）对悬挂在起重机吊钩或其他位置的工件及设备，禁止进行焊接。如必须进行焊接作业，应经企业安全部门批准，采取有效安全措施后方准作业。

（17）气焊所有设备上禁止搭架各种电线、电缆。

（18）露天作业时遇有六级以上大风或下雨时应停止焊接作业。

第2单元 焊接基础知识

模块1 焊 接 概 述

一、焊接的实质

焊接就是通过加热或加压，或两者并用，使用（或不使用）填充材料，使焊件达到结合的一种加工工艺方法。例如，焊条电弧焊是通过电弧加热，以焊条为填充材料以实现焊件的结合；钨极氩弧焊是通过电弧加热，但钨极不熔化，而是作为电极的电弧焊接方法；电阻焊属于一种既加热又加压，而且又不采用填充材料的焊接方法；冷压焊属于一种仅通过施加压力而实现焊件结合的焊接方法。

二、焊接分类

焊接的分类方法很多，按其过程特点不同，可分为熔焊、压焊和钎焊三大类，具体分类如图 2-1 所示。

1. 熔焊

熔焊是将两个焊件的连接部位加热至熔化状态，加入（或不加

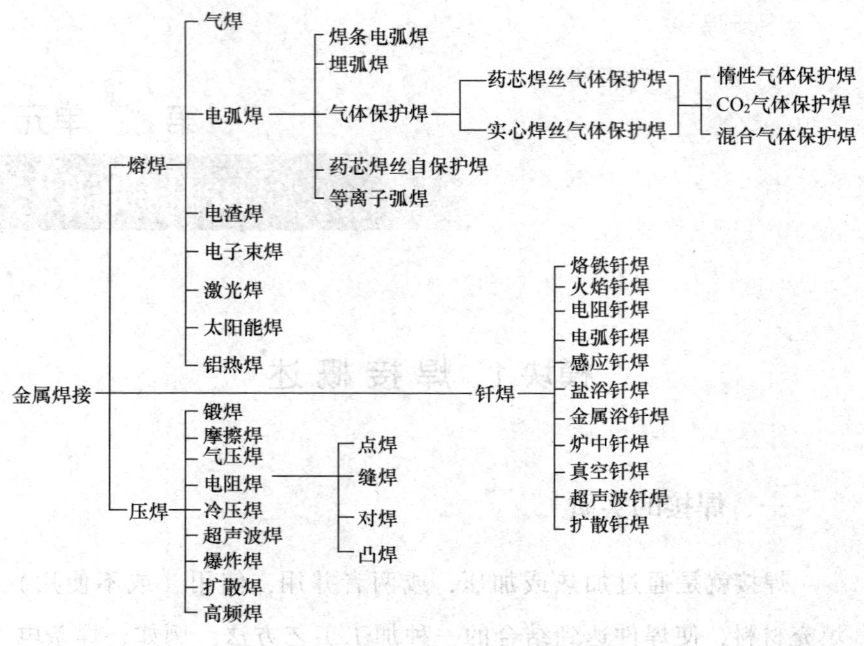

图 2-1　焊接分类

入）填充金属，在不加压力的情况下，使其冷却凝固成一体，从而完成焊接的方法。气焊、焊条电弧焊、埋弧焊、CO_2 气体保护焊、氩弧焊（钨极氩弧焊、熔化极氩弧焊）、电渣焊、电子束焊、激光焊、等离子弧焊等焊接方法都属于熔焊。熔焊焊接时，两个焊件和焊条、焊丝等填充金属共同形成焊接区域，通过氧乙炔燃烧热、电弧热、电阻热、电子束流动能转化成的热能等各种热源加热熔化，形成高热的熔池。熔池在熔渣、埋弧焊焊剂、CO_2 气体、氩气及各种保护气体等的保护下，原子充分地扩散结合，熔池逐渐冷却凝固，形成永久性的完整、牢固焊缝。

2. 压焊

压焊是通过对焊件施加压力，使两个焊件结合的焊接方法。这类焊接有两种方式：一种是将被焊金属的接触部分加热至塑性状态或熔化状态，然后再施加压力，以实现金属原子间的结合，形成牢固的接头，如电阻焊、摩擦焊等；另一种是不进行加热，仅通过施加足够的压力，使两个焊件接触部位的原子相互接近，而获得牢固的焊接接头，如冷压焊、爆炸焊等。

3. 钎焊

钎焊是焊件在不熔化的状态下，将熔点较低的钎料金属加热至熔化状态，并使之填充到焊件的间隙中，与被焊金属相互扩散，使金属连接的焊接方法。按所使用的钎料不同，钎焊可分为锡焊、铜焊、银焊等；按加热钎料方式不同，钎焊又可分为火焰钎焊、烙铁钎焊、炉中钎焊和高频钎焊等。

在三类焊接方法中，应用最多的是熔焊。本书主要介绍几种熔焊焊接方法。压焊中的电阻焊在汽车制造业中应用十分广泛。钎焊在电子元器件生产领域的应用最广泛。

三、焊接特点

焊接作为一种永久性的连接方法，具有铆接等工艺方法不可比拟的优点。

1. 连接性能好

焊接可以方便地将板材、型材或铸锻件根据需要进行组合焊接，还可以将不同形状及尺寸甚至不同材质的材料（异种材料）连接起来，因而对于制造大型、特大型结构（如机车、桥梁、轮船、火箭等）具有重要意义。

2. 接头质量好

通过选择合理的焊接方法和焊接材料施焊，焊缝质量可以达到甚至超过母材的性能质量。同时，焊接结构刚度大，整体性好，具有很好的气密性及水密性，所以特别适合制造高强度、大刚度的中空结构如压力容器、管道、锅炉等。

3. 方法多样

随着焊接技术的飞速发展，焊接工艺方法已达到50余种，对于不同的钢结构产品，不同的母材材质、厚度，不同的接头形式，不同的工艺要求，都可以采用相对应的成熟的焊接工艺方法，以取得较高的焊接质量。

4. 容易实现自动化

由于焊接参数的电信号容易控制，所以比较容易实现焊接自动化。如计算机、微电子、数字控制、信息处理、工业机器人、激光技术等，已经被广泛地应用于焊接领域。又如，汽车制造业中广泛使用了点焊机械手、弧焊机器人等。在我国大型企业，焊接机械化、自动化程度已达到60%~65%。

当然，焊接也存在一些不足之处。例如，焊接时易产生焊接应力，削弱焊接结构的承载能力；易产生焊接变形，影响焊接结构的尺寸和精度；因工艺或操作不当，还会产生多种焊接缺欠，降低焊接结构的安全性能。但是，在生产中通过优化焊接接头设计、合理选材和施工以及严格管理等，可以克服这些不足之处，使焊缝质量达到很高水平。

四、焊接技术的发展现况

目前，焊接广泛应用在建筑、水利、石油、化工以及核电等国民经济的各行业，现代制造业离开焊接技术根本无法进行。目前，没有出现或可以预知一项可以能完全取代焊接的工艺技术。因此，焊接仍是一项不可替代和充满希望的应用技术。

近年来，现代智能控制技术、数字化信息处理技术、图像处理及传感器技术、高性能 CPU 芯片等现代高新技术的融入，使现代焊接技术取得了长足进步，体现在以下 4 个方面。

（1）焊接工艺高速、高效化。目前世界各国积极开展高速度、高熔敷率、高质量的焊接工艺的研究，在多丝多弧焊接工艺、多元气体保护焊接工艺、活性化焊接新工艺、激光—电弧复合热源焊接等方面开展了广泛深入的研究，且取得显著成效。

（2）焊接质量控制智能化技术。焊缝跟踪是保证自动焊接质量的关键。在焊缝跟踪方面，多种类型传感器技术在焊接自动化上的应用使得焊接接头的水平得到快速的提高。此外，焊接电源控制数字化技术的发展及先进电子元件在焊接领域的应用，使得对焊接过程中熔滴过渡、熔深控制等方面获得较为精准的控制。此外，超声 TOFD 技术、相控阵聚焦技术、数字射线技术的焊接接头检测技术发展尤为迅速，大大提高焊接质量控制的智能化水平。

（3）焊接生产自动化及智能化技术水平。焊接过程的自动化与智能化水平主要体现在焊接机器人技术的发展水平。目前应用广泛的焊接机器人大多属于示教再现型。此类机器人不具备对工件装配误差、焊接过程中的热变形等环境变化，以及对工作对象变化的自适应能力。新一代具有多种传感功能、运动轨迹、焊炬姿态和焊接参数自适应的智能机器人将逐渐进入应用阶段，例如基于立体视觉和激光的焊接机器人路径规划系统在钢结构领域的应用取得进展。

（4）以激光焊为代表的先进的高能束焊接技术的新进展。以电子束焊和激光焊为代表的高能束焊接技术已经应用到航空、航天、船舶、兵器、交通、医疗等诸多领域。例如，现代高能束焊接技术激光焊已应用于焊接、打孔、切割、表面改性、涂覆和精细加工领域。激光双弧复合焊接可以降低激光焊接装配间隙，同时可消除焊接缺欠，改善接头性能，提高焊接质量，与激光单弧复合焊相比，焊接速度可提高约1/3，焊接热输入减小1/4。国内大厚度电子束焊技术已经达到国际先进水平，在工业领域得到应用。

模块2 常用焊接材料

焊接材料是焊接时所消耗材料的统称，包括焊条、焊丝、焊剂、气体等。各种熔焊方法的发展，在很大程度上取决于焊接材料的发展，同时焊接材料对焊接起着至关重要的作用，优质的焊接材料是获得优质焊接接头的必要条件。能否从品种繁多的焊接材料中选用合理的焊接材料，不仅直接影响焊接接头的质量，而且影响焊接成本、焊接生产率和焊工劳动条件。因此，对常见焊接材料的性能特点、牌号与型号等知识要有较全面的了解与掌握，才能做到合理选用焊接材料，主动控制焊缝金属的成分和性能。

一、焊条

焊条是由焊芯和涂在焊芯表面的药皮组成，供焊条电弧焊用的熔化电极，如图2-2所示。为便于导电和焊钳夹持，在焊条尾部有一段占焊条总长1/10左右的裸焊芯；为便于引燃电弧，在焊条引弧处，药皮有45°的倒棱斜角，以便焊芯突出。

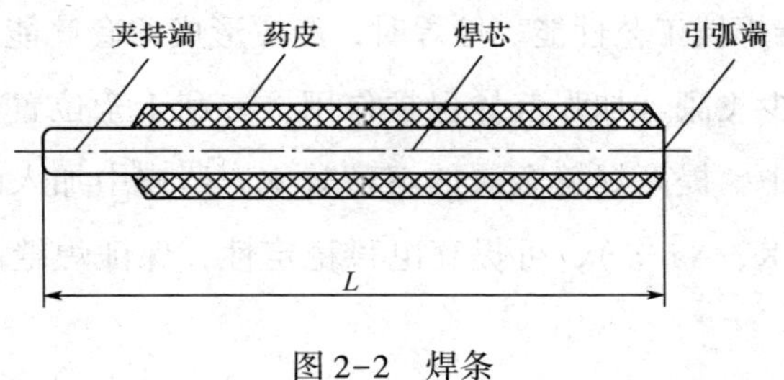

图2-2　焊条

1. 焊芯

焊条中被药皮包覆的金属芯就称为焊芯。焊条电弧焊的焊接过程中，焊芯一方面起到传导电流和引燃电弧的作用；另一方面作为填充金属过渡到熔池中，与熔化的母材金属共同形成焊缝。为保证焊缝质量，对焊芯质量要求很高，应符合国家标准 GB/T 14957—1994《熔化焊用钢丝》的规定。焊芯金属与普通钢材化学成分的主要区别是含碳量、含硫量和含磷量低。焊条直径是指焊芯直径，分为 1.6 mm，2.0 mm，2.5 mm，3.2 mm，4.0 mm，5.0 mm 和 5.8 mm 等规格。焊条长度也是指焊芯长度，取决于焊芯直径、材料和药皮类型等，一般为200~450 mm。

2. 药皮

压涂在焊芯表面的涂料层称为药皮。它是由一定数量、一定比例和一定用途的矿石、矿物、铁合金及一些化工原料等构成。按药皮成分在焊接过程中所起的作用，可把药皮分为稳弧剂、造气剂、造渣剂、合金剂、黏结剂、脱氧剂、增塑润滑剂。

（1）药皮的作用。每种焊条都有一定的药皮配方，一般是由 7~9 种原料配成。药皮中之所以要加入各种原料，是使药皮在焊接过程中起到以下作用，以保证焊接过程顺利进行并得到优质焊缝。

1）改善焊接工艺性能。熔焊时，药皮形成的套筒能保证熔滴顺利过渡，减少飞溅，加强气体保护作用，有利于全位置焊接，同时电弧热量集中，提高焊缝金属的熔敷效率。药皮中加入的低电离电位物质（如 K、Na 等），可提高电弧稳定性，保证焊缝的成形和易于脱渣。

2）机械保护作用。熔焊中，为保护熔池不受外界空气侵入，药皮对熔池采取气渣联合机械保护方式。

①气体保护。在电弧高温作用下，药皮中的有机物和某些碳酸盐无机物分解产生大量中性或还原性气体，在熔滴和熔池周围形成一个良好的保护层，防止空气侵入，以保护熔敷金属。

②熔渣保护。电弧高温作用下，药皮中造渣剂被电弧加热熔化，在熔池金属表面形成一层熔点低、黏度适中、密度小的熔渣，可避免熔池金属和空气直接接触，同时可使焊缝金属缓慢冷却，有益于焊缝金属中气体的逸出和改善焊缝金属的组织和性能，使焊缝成形美观。

3）通过渗合金作用提高焊缝金属性能。熔焊过程中，通过药皮添加合金可达到两个目的：一是补偿熔池中被烧损的合金元素；二是将药皮中合金元素过渡到焊缝中，以提高焊缝金属的性能。

4）脱氧等精炼作用。熔焊过程中，对熔化金属虽采取了保护措施，但其中仍会混入一些氮、硫、磷等有害杂质。药皮中某些金属材料（如锰铁、硅铁、钛铁等）具有强烈的脱氧、脱硫、脱磷等精炼作用，可将焊缝金属中的有害杂质减少到最少。

（2）常见药皮类型和特点。不同焊接条件和焊件对焊条有不同的性能要求，要求药皮必须要有与之对应的特性。根据药皮中主要材料成分的不同，有不同类型的焊条药皮，不同类型的药皮有不同的性能和特点。GB/T 5117—2012《非合金钢及细晶粒钢焊条》附录 A 中对常用的几种药皮类型和特点有详细的说明。

3. 焊条的分类

（1）按焊条用途。按焊条用途可将焊条分为：非合金钢及细晶粒钢焊条、热强钢焊条、高强钢焊条、不锈钢焊条、堆焊焊条、铸铁焊条、镍及镍合金焊条、铜及铜合金焊条、铝和铝合金焊条以及特殊用途焊条等。

（2）按熔渣特性。按熔渣特性可将焊条分为酸性焊条和碱性焊条。

1）酸性焊条。酸性焊条熔渣以酸性氧化物为主。这类焊条的优点是焊接工艺性能好，引弧容易且电弧稳定，飞溅小，脱渣性好，焊缝成形美观，施焊技术容易掌握，对铁锈、油污等污物不敏感，产生的有害气体较少，焊前烘干温度较低，焊接时可用交流、直流电源，适用于全位置焊接。酸性焊条的缺点是焊缝金属力学性能差，塑性和韧性均低于相同强度等级碱性焊条所得的焊缝，焊缝金属抗裂性不好。因此，酸性焊条只适用于一般低碳钢和强度等级较低的普通低合金结构钢的焊接，不能用于重要碳钢结构和合金钢的焊接。

2）碱性焊条。碱性焊条熔渣以碱性氧化物为主。碱性焊条的优点是焊缝中含氧量较少，合金元素很少被氧化，焊缝金属合金化效果好；由于药皮中碱性氧化物多，其脱氧、脱硫、脱磷能力比酸性焊条强；碱性焊条药皮中含有的萤石有良好的去氢能力，焊缝中含氢量低；所得焊缝金属的塑性、韧性和抗裂性都高于相同强度等级的酸性焊条。因此，碱性焊条适用于合金钢和重要碳钢结构的焊接。碱性焊条的缺点是焊接工艺性能差，对油污、铁锈和水分等敏感，焊接时产生的烟尘量大。因此，碱性焊条焊接过程中始终要保持短弧操作。为保持电弧燃烧的稳定性，最好采用直流电源焊接，应注意保持焊接场所通风和防尘，以减小对人体健康的伤害。焊前要严格烘干焊条，并仔细清理焊件坡口。

（3）按焊条附加性能。按附加性能分类的焊条都是根据其特殊使用性能而制造的焊条，常用的有超低氢焊条、低尘低毒焊条、立向下焊条、底层焊条、铁粉高效焊条、抗潮焊条、水下焊条、重力焊条和躺焊焊条等。

4. 常用焊条

（1）非合金钢及细晶粒钢焊条型号。GB/T 5117—2012《非合金钢及细晶粒钢焊条》中规定，非合金钢及细晶粒钢焊条按熔敷金属的抗拉强度、焊接位置、电流种类和药皮类型来划分，具体表示如下。

1）字母“E”表示焊条。

2）前面两位数字表示熔敷金属最小抗拉强度，单位为 MPa。

3）第三位数字表示焊条适用的焊接位置。“0”和“1”表示焊条适用于全位置焊接，“2”表示焊条适用于平焊和平角焊，“4”表示焊条适用于立向下焊。

4）后面第三位和第四位数字组合表示焊条的焊接电流种类和药皮类型。

5）第四位数字后面如果附加“R”表示耐吸潮焊条，附加“M”表示对吸潮和力学性能有特殊规定的焊条，附加“-1”表示对冲击性能有特殊规定的焊条。

非合金钢及细晶粒钢焊条型号示例如图 2-3 所示。

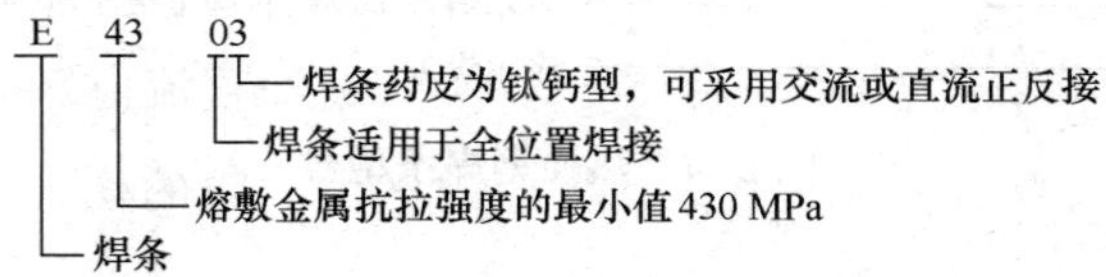

图 2-3　非合金钢及细晶粒钢焊条型号

（2）热强钢焊条型号。GB/T 5118—2012《热强钢焊条》中规定，热强钢焊条型号按熔敷金属的抗拉强度、药皮类型、焊接位置和焊接电流种类来划分，具体表示如下。

1）字母“E”表示焊条。

2）前面两位数字表示熔敷金属的最小抗拉强度，单位为 MPa。

3）第三位数字表示焊条的焊接位置，“0”和“1”表示适用于全位置焊接，“2”表示只适用于平焊和平角焊。

4）第三位和第四位数字组合表示焊接电流种类和药皮类型。

5）数字后的后缀字母表示为熔敷金属的化学成分分类代号，并以“-”和前面数字隔开。

6）如果附加有其他化学成分，可把附加化学成分直接用其元素符号表示出来，并用“-”和前面的后缀字母隔开。

热强钢焊条型号示例如图 2-4 所示。

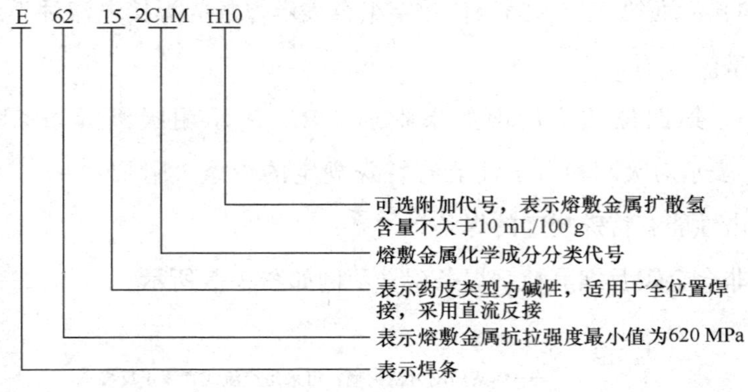

图 2-4　热强钢焊条型号

（3）不锈钢焊条的型号。GB/T 983—2012《不锈钢焊条》中规定，不锈钢焊条型号是根据熔敷金属化学成分、焊接位置、药皮类型及焊接电流种类来划分，具体表示如下。

1）字母“E”表示焊条。

2）字母“E”后的数字（通常是三位）表示熔敷金属化学成分分类代号，若有特殊要求的化学成分，则把该化学成分的元素符号放在数字后面。

3）数字后的字母“L”表示焊条含碳量较低，“H”表示焊条含碳量较高。

4）短划线“-”后面的数字表示焊条药皮类型、焊接位置和焊接电流种类。

不锈钢焊条型号示例如图 2-5 所示。

5. 焊条的选用

正确选择焊条是焊接准备工作中的重要一环，选择焊条时应遵

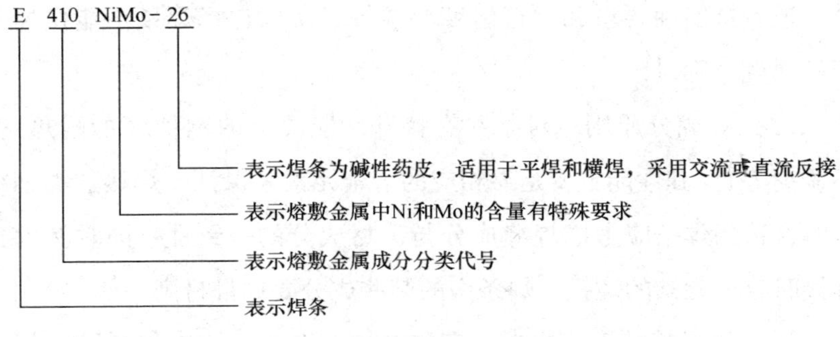

图 2-5　不锈钢焊条型号

循以下原则。

（1）等强度原则。结构在设计时，一般按其强度及其他力学性能来选择结构材料，选择焊条时，也要求焊条强度和母材强度相匹配，但在匹配时要注意以下几个问题。

1）钢材按屈服强度来确定等级，碳钢焊条按熔敷金属抗拉强度来确定等级，所以在匹配时千万不要混淆。对于强度级别较低的钢材，应按母材抗拉强度等级来选择抗拉强度等级相同的焊条。

2）当焊条强度过高时，反而会降低焊缝的塑性和韧性，增大焊接应力和产生裂纹等焊接缺欠的风险。因此，不要误认为选用焊条时强度越高越好。对于焊接结构刚性大、受力情况复杂的工件，或强度级别较高的钢材，可选用比母材抗拉强度低一级的焊条，这种选用方法称为低匹配。近年来，这种方法正在被人们研究并推广使用。例如，Q345 钢的抗拉强度为 470~630 MPa，过去多选用 E5515 或 E6015 焊条，现在选用 E5015 焊条焊接同样也能满足强度的要求。

需要注意的是，只有当结构强度是唯一设计依据时，才能用等强度原则来选用焊条。而在实际结构的设计要求中，除室温、强度外，还有抗腐蚀要求和运行温度要求等，所以选择焊条不能仅局限于等强度原则。

（2）等成分原则。对某些有特殊性能要求的钢种（如耐热钢、不锈钢等），其性能主要是靠相应的合金元素来保证。焊接这类钢结构时，选用焊条应考虑焊缝成分与母材成分的一致性；同时考虑到焊接时合金元素的烧损，焊条中的某些成分要比母材高一些。

（3）满足特殊工艺要求。有些结构制造中，要求材料既要保证强度，又要保证塑性和韧性，因此选用焊条要注意两者兼顾。例如，承受动载荷或冲击载荷的焊件，在保证抗拉强度的前提下，应选用塑性和韧性均较高的低氢型焊条。

实际生产中，选择焊条除考虑上述3种情况外，还应根据焊接的结构特点（如结构的刚性和形状、焊缝位置、母材杂质含量等）、设备和施工条件、生产率和经济合理性来选择焊条。

6. 焊条的使用

为保证焊缝质量，焊条在使用前必须进行相应检查和烘干处理。

（1）焊条的检查

1）焊条必须有生产厂家的质量合格证书，要符合国家标准中规定的“包装完整，标志齐全”。焊接重要产品时，焊前应对所选用的焊条进行鉴定。对存放时间较长的焊条，也应在鉴定后确定是否可使用。

2）焊条外观检查。为避免因使用不合格焊条而影响焊缝质量，需进行外观检查，其检查项目如下。

①偏心。偏心是指焊条药皮沿焊芯直径方向厚度的不均匀性，如图2-6所示。

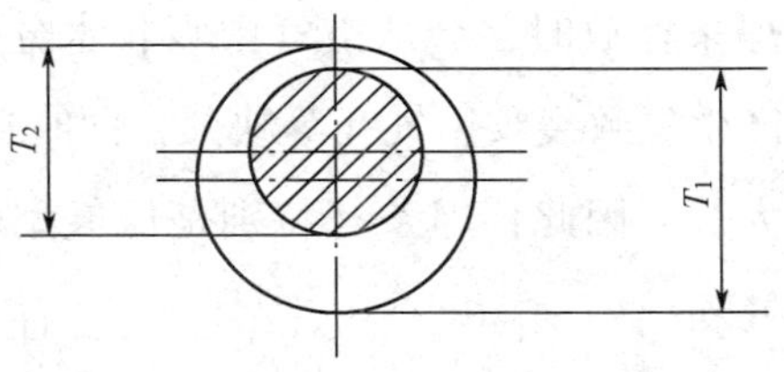

图 2-6　焊条偏心示意图

焊条偏心可用偏心度来表示，计算公式如下：

$$焊条偏心度=\frac{2\ (T_1-T_2)}{(T_1+T_2)}\times100\%$$

式中　T_1——焊条断面药皮最大厚度+焊芯直径，mm；

T_2——焊条同一断面药皮层最小厚度+焊芯直径，mm。

焊条出现偏心后，焊接时会因药皮熔化速度不同而无法形成正常的套筒，产生电弧偏吹影响焊缝质量，因此焊接时应尽量不使用偏心的焊条。

国家标准规定，直径不大于 2.5 mm 的焊条，偏心度不应大于 7%；直径为 3.2 mm 和 4 mm 的焊条，偏心度不应大于 5%；直径不小于 5 mm 的焊条，偏心度不应大于 4%。

②锈蚀。一般来说，若焊芯仅有轻微的锈蚀，基本上不影响性能，但若焊接质量的要求较高，则不能使用。焊条锈蚀严重的不宜使用，至少要降级使用或只用于一般结构的焊接。

③药皮裂纹或脱落。焊接过程中药皮起着很重要的作用，如果药皮出现裂纹甚至脱落，会直接影响焊缝质量。对于药皮脱落的焊条，要做报废处理。

（2）焊条的烘干。焊条出厂时有一定含水量是正常的，对焊接质量没有影响。焊条存放时，会从空气中吸收水分而受潮，受潮的焊条焊接时容易产生氢致裂纹、气孔等缺欠，同时造成电弧不稳定、飞溅和烟尘量增大等。因此，焊条（特别是低氢型碱性焊条）使用前必须进行烘干处理。

1）烘干温度。不同品种焊条的烘干温度和保温时间是不一样的，在焊条使用说明书中都做了相应的规定。焊条烘干应注意以下事项。

①酸性焊条。酸性焊条药皮中一般含有吸附水和有机物，烘干温度应能除去药皮中的吸附水，同时不致使有机物分解变质。其烘干温度不能太高，一般规定为 75~150 ℃，烘干 1~2 h。如果酸性焊条存放时间短且包装完好，用于一般结构钢焊接时，使用前可不再烘干。

②碱性焊条。碱性焊条在空气中极易吸潮且药皮中不含有机物，烘干时要求除去药皮中矿物质的结晶水，烘干温度要求较高，一般规定为 350~400 ℃，烘干 1~2 h。当焊接低合金钢易产生冷裂纹时，烘干温度可提高到 400~450 ℃，并应放在 100~150 ℃的保温筒内随用随取。

2）烘干方法和要求

①焊条烘干时应放在远红外线烘干箱内进行，不能在炉子上烘烤或用气焊火焰直接烘烤。

②焊条烘干时，应缓慢加热、保温、缓慢冷却，严禁将焊条直接放入高温炉内或从高温炉内突然取出冷却，以防药皮因骤热、骤冷而开裂脱落。碱性焊条烘干后，最好放入低温烘箱内存放，随用随取。

③焊条烘干时，不应成垛或成捆堆放，应均匀铺成层状。直径为 4 mm 的焊条不应超过 3 层，直径为 3.2 mm 焊条不应超过 5 层。

④焊条烘干一般可重复两次。在某些情况下，酸性焊条中的碳钢焊条重复烘干次数可达 5 次；对酸性焊条中的纤维素型焊条和低氢型碱性焊条，重复烘干次数不宜超过 3 次。

7. 焊条的保管

（1）各类焊条堆放时，必须按照种类、型号、批次、规格、入库时间分类存放。每垛标识明确，避免混淆。

（2）焊条必须存放在干燥、通风良好的库房内。重要焊接工程使用的焊条，特别是低氢型焊条，最好在专用的库房内存放。库房要保持一定的湿度和温度，建议温度为 10 ~ 25 ℃，相对湿度小于 60%。

（3）焊条应存放在架子上。架子离地面和墙壁的距离均不小于 300 mm，要保证上下左右均通风，防止焊条受潮变质。

（4）为防止焊条受潮，应尽量做到现用现拆包装。先入库的焊条先使用，避免焊条因存放时间过长而受潮变质。

（5）为防止破坏包装和药皮脱落，搬运和堆放焊条时，不得乱砸、乱摔，应小心轻放。

二、焊丝

焊丝是指熔焊时作为填充金属或同时作为电极的金属丝。气焊、钨极氩弧焊、等离子弧焊中，焊丝作为填充金属；埋弧焊、CO_2 气体保护焊、熔化极氩弧焊和电渣焊中，焊丝同时作为电极和填充金属。

1. 焊丝的分类

（1）按适用的焊接材料焊丝可分为低碳钢焊丝、低合金钢焊丝、硬质合金堆焊焊丝、铝及铝合金焊丝、铜及铜合金焊丝和铸铁焊丝等。

（2）按适用的焊接方法，焊丝可分为埋弧焊焊丝、CO_2 焊焊丝、钨极氩弧焊焊丝、熔化极氩弧焊焊丝、自保护焊焊丝及电渣焊焊丝等。

（3）按焊丝的形状结构，焊丝可分为实心焊丝、药芯焊丝及活性焊丝等。

2. 实心焊丝型号

（1）钢焊丝型号。在相应的国家标准中，钢焊丝的型号分为两种。

1）GB/T 8110—2008《气体保护电弧焊用碳钢、低合金钢焊丝》中规定：

①字母“ER”表示气体保护焊用的碳钢、低合金钢焊丝。

②字母“ER”后面的两位数字表示熔敷金属的最低抗拉强度值的1/10，单位为MPa。

③用“-”与前两位数字隔开的字母和数字表示焊丝化学成分的分类代号，字母“A”表示为碳钼钢，字母“B”表示为铬钼钢，“Ni”表示为镍钢，“D”表示为锰钼钢，“i”表示为其他低合金钢，“G”表示为供需双方决定的化学成分，其后数字代表同一合金系中的不同编号。

④如果还附加其他化学成分，可直接用元素符号表示，并以“-”隔开。

实心焊丝型号示例 1 如图 2-7 所示。

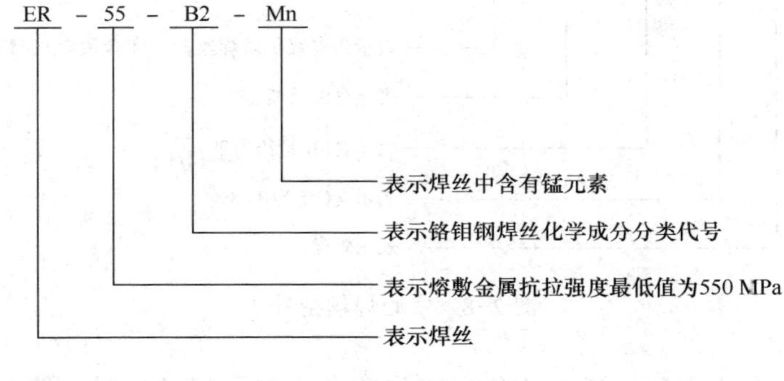

图 2-7　实心焊丝型号 1

2）除气体保护电弧焊用碳钢、低合金钢焊丝按上述方法编制外，其他实心钢焊丝如埋弧焊焊丝、气焊焊丝等的编制的方法如下。

①第一位字母“H”表示焊接用实心钢焊丝。

②在“H”后面的两位（碳钢、合金结构钢为万分率）或一位（不锈钢和铬钼耐热钢为千分率）数字，表示含碳量的平均数。

③在表示含碳量平均数后面的化学符号及其后面的数字，表示该元素平均质量分数，当平均含量小于 1.5%时，该元素后面的数字可省略。

④在尾部标注的“A”或“E”分别表示“高级优质”和“特级优质”，后者比前者的含硫量和含磷量更低。

实心焊丝型号示例 2 如图 2-8 所示。

（2）有色金属的焊丝型号

1）铝及铝合金焊丝。GB/T 10858—2008《铝及铝合金焊丝》中规定：其焊丝型号由 3 部分组成。第 1 部分为字母“SAL”，表示

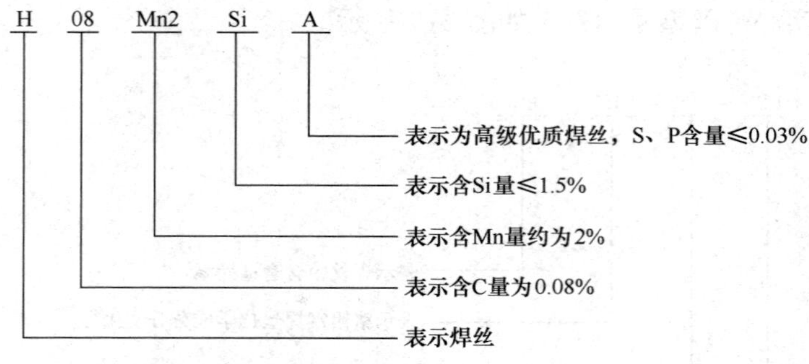

图 2-8　实心焊丝型号 2

铝及铝合金焊丝；第 2 部分为 4 位数字，表示焊丝型号；第 3 部分为可选部分，表示化学成分代号。

铝及铝合金焊丝型号示例如图 2-9 所示。

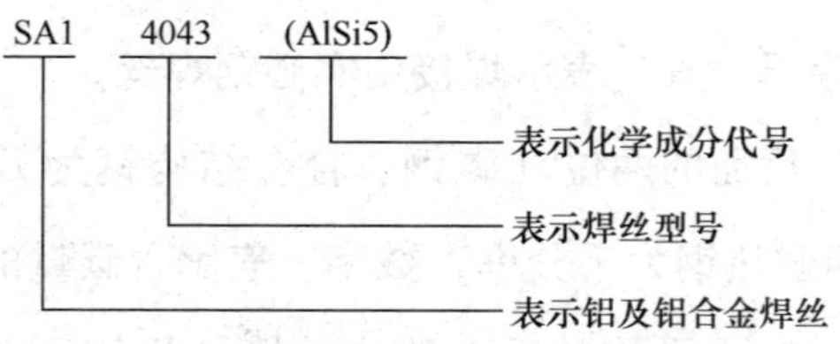

图 2-9　铝及铝合金焊丝型号

2）镍及镍合金焊丝。GB/T 15620—2008《镍及镍合金焊丝》中规定：焊丝型号由 3 部分组成。第 1 部分为字母“SNi”，表示镍及镍合金焊丝；第 2 部分为 4 位数字，表示焊丝型号；第 3 部分为可选部分，表示化学成分代号。

镍及镍合金焊丝型号示例如图 2-10 所示。

3. 药芯焊丝

药芯焊丝是在薄钢带卷成圆形钢管或异形钢管的同时，添进一

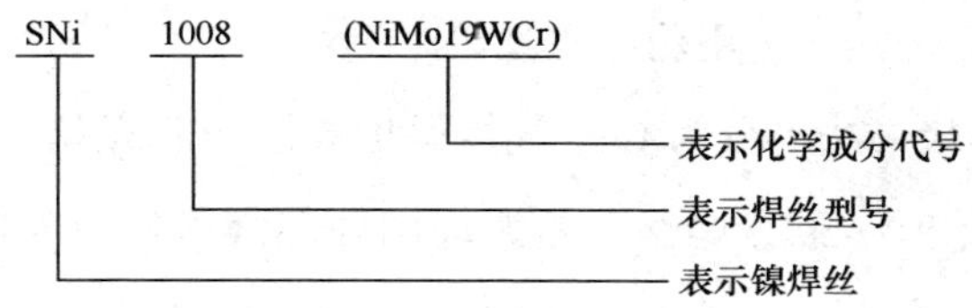

图 2-10　镍及镍合金焊丝型号

定成分的药粉料，经拉制而成的一种焊丝。药芯焊丝和焊条的区别是，焊条药皮是涂敷在焊芯的外面，而药芯焊丝的药粉被包裹在芯里。药芯焊丝与焊条、实心焊丝相比，具有飞溅小、焊缝成形美观、熔敷效率和生产率高的特点。因此，药芯焊丝以其明显的技术优势和经济优势，逐步成为焊接材料的主导品。

目前，药心焊丝还没有统一的分类标准，一般按以下方法进行分类。

（1）按焊丝的截面形状。其分类如图 2-11 所示。

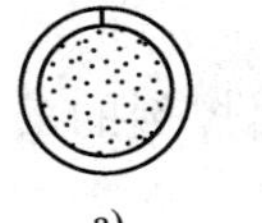
a)

b)

c)

d)

e)

图 2-11　焊丝的截面形状

a）O 形截面　b）梅花形截面　c）T 形截面　d）E 形截面　e）双层截面

（2）按保护方式。根据焊接过程中保护方式的不同，药芯焊丝可以分为气体保护焊用药芯焊丝、埋弧焊用药芯焊丝和自保护药芯焊丝。

（3）按用途

1）按被焊钢种可分为低碳及低合金钢用药芯焊丝、低合金高强钢用药芯焊丝、低温钢用药芯焊丝、耐热钢用药芯焊丝、不锈钢用药芯焊丝、镍及镍合金用药芯焊丝等。

2）按焊接方法可分为 CO_2 气体保护焊用药芯焊丝、TIG 焊用药芯焊丝、自保护焊药芯焊丝、埋弧焊用药芯焊丝、热喷涂用粉芯线材等。

碳钢药芯焊丝型号有关资料可参考 GB/T 10045—2018《非合金钢及细晶粒钢药芯焊丝》。

三、焊剂

焊剂是指熔焊时，能够熔化形成熔渣和气体，对熔化金属起到保护和冶金处理作用的一种物质。焊剂的作用与焊条药皮类似，在熔焊中必须与焊丝配合使用，共同决定焊缝金属的化学成分和性能。

焊剂主要用于埋弧焊和电渣焊，用于埋弧焊称为埋弧焊焊剂，用于电渣焊称为电渣焊焊剂。

1. 焊剂分类

焊剂的分类方法有很多，每一种方法只能反映出焊剂的某一方面特性。

（1）按制造方法

1）熔炼焊剂。熔炼焊剂是按照配方将一定比例的各种配料放入炉内熔化炼制，然后经过水冷粒化、烘干、筛选后制成，是国内使用最多的一种焊剂。

2）非熔炼焊剂。与熔炼焊剂相比，非熔炼焊剂配料在制造过程中不会被熔化。根据加热温度不同，非熔炼焊剂可分为两种。

①烧结焊剂。通过向一定比例的各种配料中加入适量的黏结剂，混合搅拌后在高温下（400~1 000 ℃）烧结而成。

②陶质焊剂。通过向一定比例的各种配料中加入适量的黏结剂，混合搅拌后，在低温下（400 ℃以下）烘干而成。该焊剂有颗粒强度低、易吸潮、不易保存等缺点，生产中很少使用。

（2）按焊剂中添加的脱氧剂、合金剂分类

1）中性焊剂。中性焊剂的特点：不含或含有少量的脱氧剂，焊后熔敷金属与焊丝化学成分不会产生明显的变化，熔焊过程中，脱氧必须依赖焊丝中脱氧剂实现。中性焊剂多用于厚板的焊接。

2）活性焊剂。活性焊剂的特点：在焊剂中加入一定量的锰、硅脱氧剂，提高焊缝金属的抗气孔和抗裂能力。使用活性焊剂时，要注意电弧电压对合金元素进入焊缝金属中的控制作用，使用活性焊剂时，一定要准确控制电弧电压。

3）合金焊剂。合金焊剂的特点：在焊剂中添加较多的合金成分，用于过渡合金。多数合金焊剂为非熔炼焊剂，主要用于焊接低合金钢和耐磨堆焊材料。

（3）按焊剂的化学成分分类

1）按 SiO_2 的含量可分为高硅、中硅和低硅焊剂。

2）按 MnO 的含量可分为高锰、中锰、低锰焊剂。

3）按 CaF_2 的含量可分为高氟、中氟、低氟焊剂。

2. 焊剂的型号和牌号

（1）焊剂的型号。焊剂型号可参考 GB/T 5293—2018《埋弧焊用非合金钢及细晶粒钢实心焊丝、药芯焊丝和焊丝-焊剂组合分类要求》中的有关规定。

例：

焊剂牌号示例如图 2-12 所示。

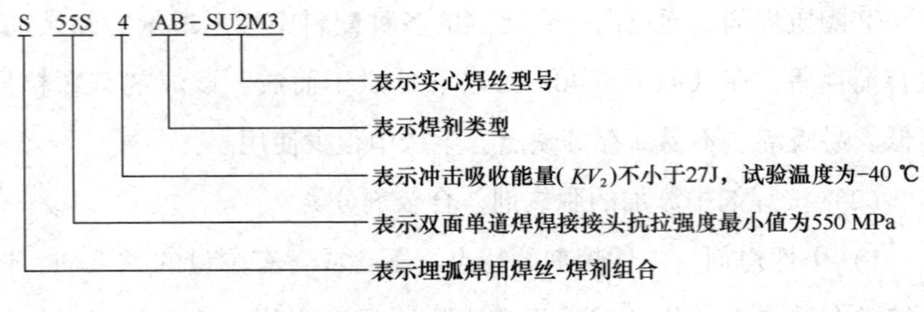

图 2-12　焊剂牌号

（2）焊剂牌号。焊剂牌号按《焊接材料产品手册》（机械科学研究院哈尔滨焊接研究所编制）分为埋弧焊及电渣焊用焊剂、气焊焊剂和钎焊焊剂。本书只介绍埋弧焊及电渣焊用焊剂的牌号。

1）熔炼焊剂的牌号（$HJX_1X_2X_3$）

①字母“HJ”表示熔炼焊剂。

②字母后第一位数字 X_1 表示焊剂中 MnO 的平均质量分数。

③字母后第二位数字 X_2 表示焊剂中 SiO_2、CaF_2 的平均质量分数。

④字母后第三位数字 X_3 表示同类焊剂的不同牌号，从 0~9 依次排列。

⑤牌号阿拉伯数字后的数字表示特殊要求，如“H”表示适用于横焊。

熔炼焊剂牌号示例如图 2-13 所示。

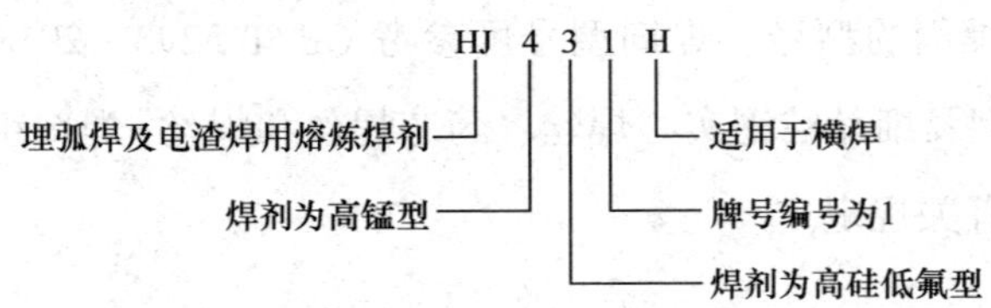

图 2-13　熔炼焊剂牌号

2）烧结焊剂的牌号（$SJX_1X_2X_3$）

①字母“SJ”表示烧结焊剂。

②字母后的第一位数字 X_1 表示熔渣渣系。

③字母后第二位和第三位数字 X_2X_3 表示同一熔渣系类型焊剂中的不同牌号，按 01，02，03，…，09 顺序排列。

烧结焊剂牌号示例如图 2-14 所示。

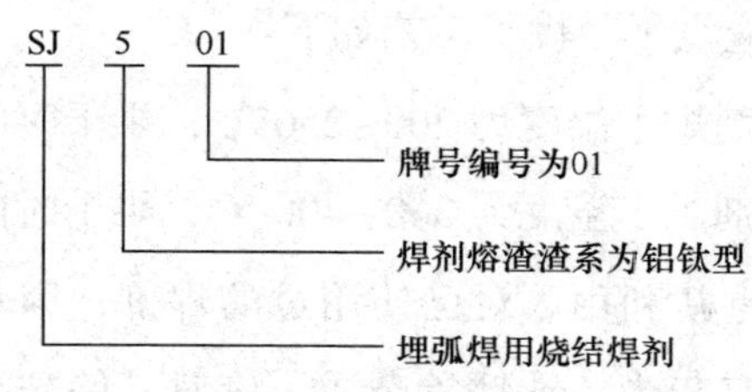

图 2-14　烧结焊剂牌号

3. 焊剂性能和用途

（1）不同制造方法焊剂的性能和用途

1）熔炼焊剂。熔炼焊剂不易受潮，化学成分均匀，但不能有效地向焊缝过渡所需的合金元素，脱氧和渗合金能力差；焊接电流小于 1 000 A 时，焊接工艺性能良好；不适宜焊接深坡口和窄间隙位置。

2）烧结焊剂。烧结焊剂主要优点是可灵活地向焊缝过渡所需的合金元素，满足焊缝金属不同的性能和成分要求，适宜在力学性能等要求较高的情况下使用。但烧结焊剂极易受潮，焊前必须烘干，随烘随用。

（2）不同碱度值焊剂的性能和用途

1）碱度值较高的焊剂，焊后焊缝杂质少，适宜力学性能要求较高的情况下使用。焊接时，对坡口表面质量要求严格，且要采用直流反接。

2）碱度值较低的焊剂，焊后焊缝中杂质和有害元素较多，焊缝性能不如碱度值高的焊剂。但其对焊接电源要求不高，对坡口表面质量也没有高碱度焊剂要求高。

4. 焊剂烘干和回收

焊剂使用前应烘干，烘干工艺如下：

（1）熔炼焊剂烘干温度为 200~250 ℃，烘干时间为 1~2 h。

（2）烧结焊剂烘干温度为 300~400 ℃，烘干时间为 1~2 h。

焊剂可回收重新利用。对已使用过的焊剂，因焊剂粉化使焊剂粒度细化且其中有灰尘、铁锈等杂质，应对其筛选后加入适量的新焊剂，搅拌均匀后再使用。

5. 气焊熔剂

气焊熔剂也称气焊粉，是气焊时的助熔剂。气焊熔剂的作用：在气焊时除去熔池中的氧化物，保护熔池并改善熔池金属的润湿性。

低碳钢气焊时，一般不需要使用气焊熔剂，气焊熔剂主要用于合金钢、各种有色金属和铸铁的气焊。

模块 3　焊接工艺基础知识

一、焊接接头

用焊接方法连接的接头称为焊接接头（简称为接头）。它由焊缝、熔合区、热影响区三个部分组成，如图 2-15 所示。

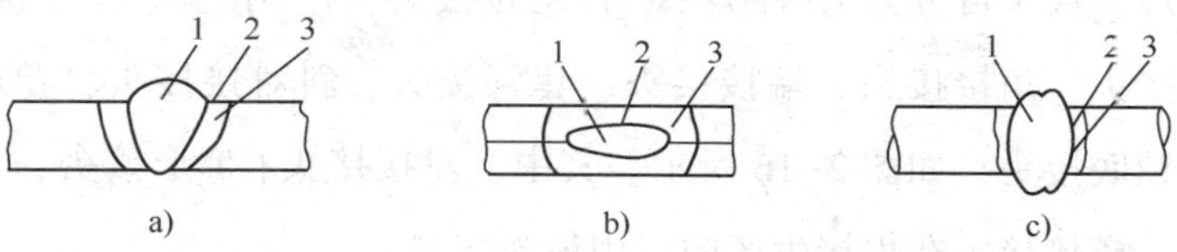

图 2-15　焊接接头示意图

a）熔焊接头　b）点焊接头　c）对焊接头

1—焊缝　2—熔合区　3—热影响区

1. 焊缝

焊缝是指焊件经焊接后形成的结合部分。熔焊时，焊缝金属是由熔化的母材和熔化的填充金属（焊条或焊丝）按比例（决定于焊接参数）混合而成，有时全部由熔化的母材构成（自熔焊接或不加填充金属的焊接方法）。

2. 熔合区

熔合区是母材到焊缝的过渡区，它包括未混合熔化区与半熔化区。实际熔合线位于未混合熔化区与半熔化区之间，它是焊接热影响区与焊缝的边界线。

3. 热影响区

与焊缝相邻的母材金属因受到焊接热循环的作用，从而引起组织和性能的变化，这一区域称为热影响区，简称 HAZ（heat affected zone）区。

由于热影响区内各部位所经受的热循环不同，所以组织和性能的变化也不同。由此可见，焊接热影响区是一个组织和性能极不均匀的区域，其中那些组织和性能变差的部位，往往成为整个焊接接头中最薄弱的地方。

4. 焊接接头类型

焊接接头可分为10种类型，即对接接头、T形接头、十字接头、搭接接头、角接接头、端接接头、套管接头、斜对接接头、卷边接头和锁底接头，如图2−16所示。其中，对接接头、T形接头、角接接头、搭接接头在焊接生产中应用最为普遍。

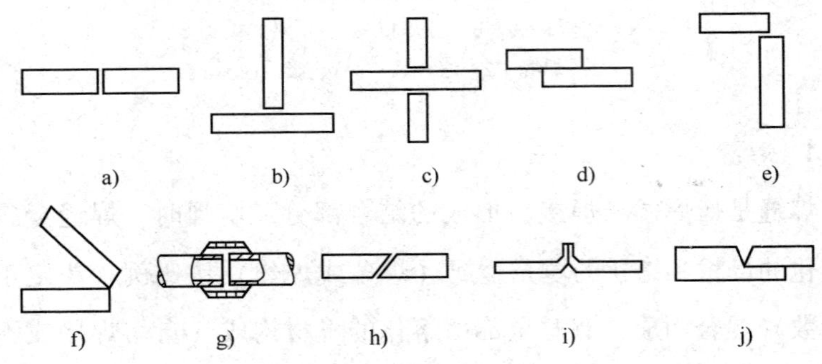

图2−16　焊接接头类型

a）对接接头　b）T形接头　c）十字接头　d）搭接接头　e）角接接头
f）端接接头　g）套管接头　h）斜对接接头　i）卷边接头　j）锁底接头

5. 焊接接头作用

焊接接头在焊接结构中有两个方面的作用：一是连接作用，即把两个焊件连接成一个整体；二是传力作用，即传递焊件所承受的载荷。

二、焊接坡口的种类和尺寸

根据设计和工艺需要，在焊件的待焊部位加工并装配成的一定几何形状的沟槽叫作坡口，加工坡口的过程叫作开坡口。开坡口是为了保证电弧能深入接头根部，使根部焊透，便于清渣，并获得良好的焊缝成形。同时，改变坡口的形式和尺寸还能起到调节焊缝金属中母材金属和填充金属的比例的作用。

1. 坡口基本形式

焊接接头的坡口尺寸可按有关的国家标准选用。气焊、焊条电弧焊及气体保护焊的焊缝坡口的基本形式与尺寸，可以按 GB/T 985.1—2008《气焊、焊条电弧焊、气体保护焊和高能束焊的推荐坡口》选用；埋弧焊焊缝坡口的基本形式和尺寸可以按 GB/T 985.2—2008《埋弧焊的推荐坡口》选用。

对接接头常用的坡口形式有 I 形坡口、Y 形坡口、双 Y 形坡口、U 形坡口等，如图 2-17 所示。T 形接头常用的坡口形式有 I 形坡口、带钝边单边 V 形坡口、带钝边双单边 V 形坡口、带钝边双 J 形坡口等，如图 2-18 所示。

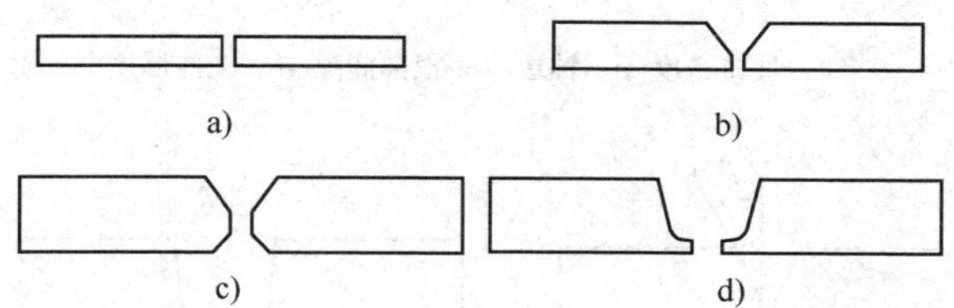

图 2-17　对接接头常用的坡口形式

a）I 形坡口　b）Y 形坡口　c）双 Y 形坡口　d）U 形坡口

2. 坡口尺寸和符号

坡口的尺寸一般包括坡口角度 α、坡口面角度 β、根部间隙 b、钝边 p。坡口形式为 U 形或 J 形坡口时，坡口尺寸还包括根部半径 R。如图 2-19 所示。

（1）坡口角度和坡口面角度

坡口角度 α：两坡口面之间的夹角。

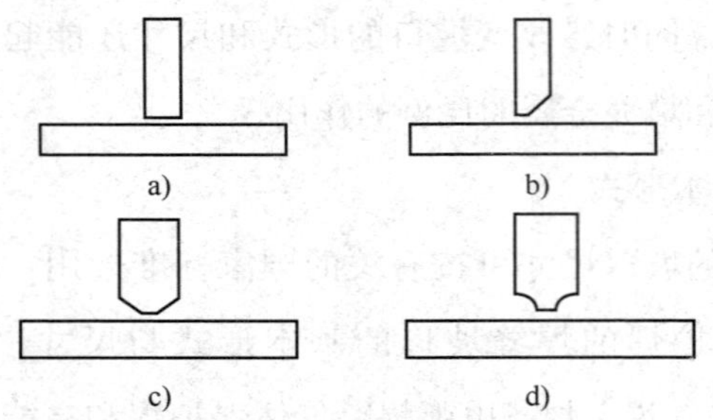

图 2-18　T 形接头常用的坡口形式
a）I 形坡口　b）带钝边单边 V 形坡口
c）带钝边双单边 V 形坡口　d）带钝边双 J 形坡口

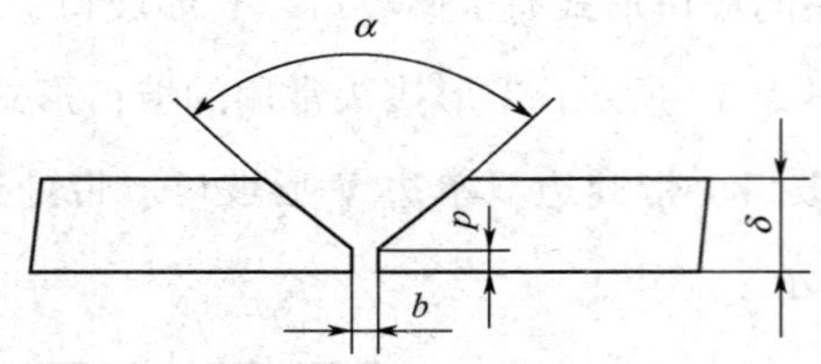

α—坡口角度　p—钝边　b—根部间隙　δ—工件厚度

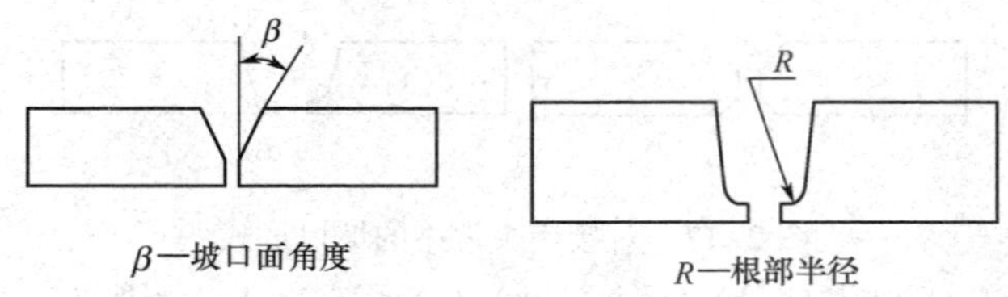

β—坡口面角度　R—根部半径

图 2-19　坡口尺寸

坡口面角度 β：待加工坡口面与坡口之间的夹角。

（2）根部间隙 b：焊前在接头根部之间预留的间隙，也叫作装配间隙。其主要作用是保证根部焊透。

（3）钝边 p：焊件开坡口时，沿焊件接头坡口根部的端面直边部分。其主要作用是防止根部烧穿。

（4）根部半径 R：在 U 形、J 形坡口底部的圆角半径。其主要作用是增大坡口根部的空间，以便焊透根部。

在选择坡口尺寸时，坡口角度、钝边与根部间隙之间应配合选用。坡口角度减小时，根部间隙必须加大；同样，根部间隙较小时，钝边高度不能过大，坡口角度不能太小。这是为了使焊条能达到根部附近，运条方便，保证焊透。

3. 坡口的选用原则

选择坡口时应遵循以下原则：

（1）保证焊透。开坡口是为了保证电弧能深入接头根部，使根部焊透，便于清渣，并获得良好的焊缝成形。

（2）便于焊接施工。坡口的选择要充分考虑焊接施工条件。例如，大型厚重结构不易翻转时，应选择单面坡口；必须在容器内焊接时，内侧坡口的钝边应稍大一些，减少焊工在容器内的焊接工作量等。

（3）坡口加工简单。V 形坡口可以用车削、刨削、气割、等离子切割等多种方式加工，是最简单的一种坡口形式；U 形坡口只能用切削和碳弧气刨的方式加工，加工困难，效率低。所以一般情况下尽量选用平面坡口。

（4）尽可能减少填充金属。在保证焊透的前提下，尽量减小坡口的断面面积，一方面减少填充金属，另一方面减少焊接工作量，提高焊接生产率。

（5）便于控制焊接变形。合适的焊接坡口形式有利于控制焊接变形。例如，双 Y 形坡口与单 Y 形坡口相比，不仅填充金属少，而且焊接变形要小。

在焊接结构生产中，经焊接工艺评定试验合格后，坡口的形式和尺寸在焊接工艺卡中给出，焊工主要按照焊接工艺卡的要求，根据装配要求进行定位焊装配。

三、焊缝

1. 焊缝的形式

焊件经焊接后所形成的结合部分叫作焊缝。按结合方式不同，焊缝可分为对接焊缝、角焊缝、塞焊缝、端接焊缝和槽焊缝5种。

（1）对接焊缝。在焊件的坡口面间或一个焊件与另一个焊件表面间焊接的焊缝，称为对接焊缝。

（2）角焊缝。沿两直交或近直交焊件的交线所焊接的焊缝，称为角焊缝。

（3）塞焊缝。两零件相叠，其中一块开圆孔，在圆孔中焊接两板所形成的焊缝，称为塞焊缝。只在孔内焊角焊缝者不称为塞焊。塞焊缝一般由塞焊搭接接头形成。

（4）端接焊缝。构成端接接头所形成的焊缝，称为端接焊缝。

（5）槽焊缝。两板相叠，其中一块开长孔，在长孔中焊接两板的焊缝，称为槽焊缝。只焊角焊缝者不称为槽焊。槽焊缝一般由槽焊搭接接头形成。

组合焊缝是指同一接头存在两种焊缝的情形，如坡口内的焊缝为对接焊缝，坡口外的焊缝为角焊缝。

2. 焊缝与接头

焊缝与接头是两个不同的概念。一般情况下，对接焊缝由对接接头组成，也可以由T形接头、十字接头组成；角接焊缝由T形接头、十字接头和角接接头组成；组合焊缝可以由对接接头或 T 形接头组成。焊缝与接头的关系举例如图 2–20 所示。

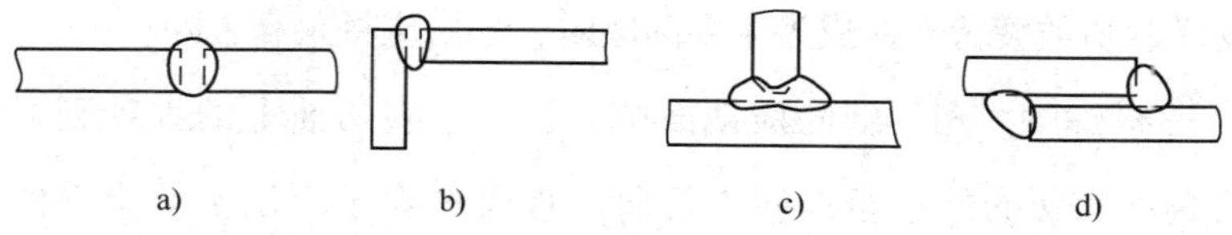

图 2–20　焊缝与接头的关系

a）对接接头对接焊缝　b）角接接头对接焊缝　c）T 形接头组合焊缝　d）搭接接头角焊缝

3. 焊缝的形状尺寸

焊缝的形状尺寸包括焊缝的宽度、余高、熔深、厚度、焊脚、成形系数等。在焊接工艺卡中，对焊缝的宽度、余高、焊脚 3 个形状尺寸有明确的要求，在焊后焊缝形状尺寸检查时，要保证焊缝宽度、余高、焊脚 3 个形状尺寸符合工艺要求。焊缝的宽度、余高、焊脚如图 2–21 所示。

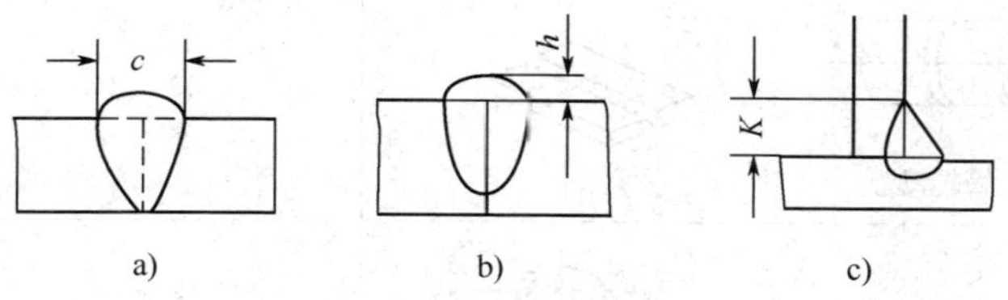

图 2–21　常用的焊缝形状尺寸

a）焊缝宽度　b）焊缝余高　c）焊脚

（1）焊缝宽度。焊缝表面两个焊趾之间的距离，叫作焊缝宽度。

（2）余高。超出母材金属表面连线上的那部分焊缝金属的最大高度，称为余高。余高可避免熔池金属凝固收缩时形成缺欠，并增大焊缝截面承受静载荷的能力，但余高过大将引起应力集中或疲劳寿命下降，因此要限制余高的尺寸。通常当焊件板厚小于 12 mm 时，焊条电弧焊的余高值应为 0~1. 5 mm；板厚大于 12 mm，焊条电弧焊的余高值应为 0~3 mm；板厚大于 8 mm，埋弧焊的余高值为 0~4 mm。当焊件承受动载荷或疲劳寿命成为主要问题时，焊后应将余高去除。

（3）焊脚。角焊缝的横截面中，从一个直角面上的焊趾到另一个直角面表面的最小距离叫作焊脚。焊脚的大小决定了两焊件的结合强度，是角焊缝中一个重要的形状尺寸参数。

四、焊接位置

焊接时焊件接缝所处的空间位置称为焊接位置。焊接位置及其符号见表 2-1。

表 2-1　　焊接位置符号

简图	焊接位置符号
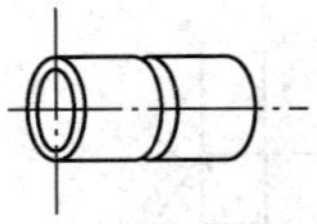 管转动 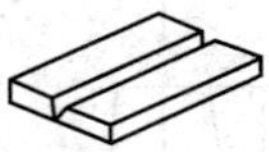	1G
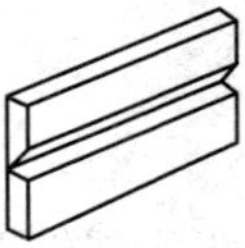 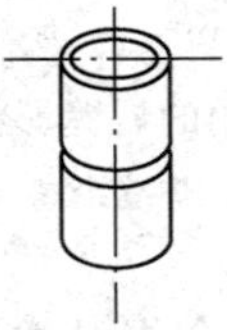	2G
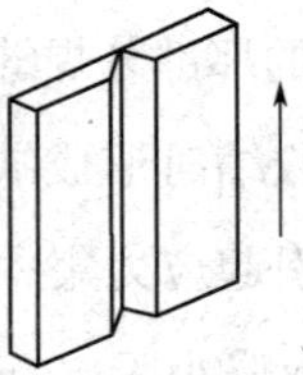	3GUPHILL

续表

简图	焊接位置符号
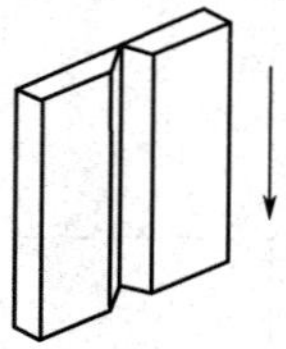	3GDOWNHILL
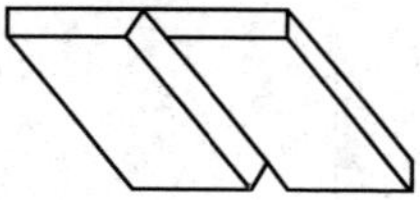	4G
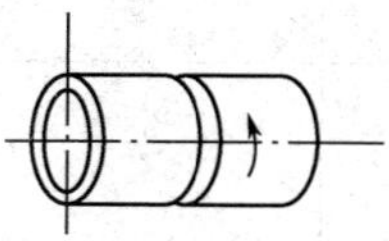 管固定	5GUPHILL
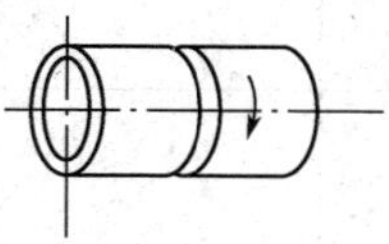 管固定	5GDOWNHILL
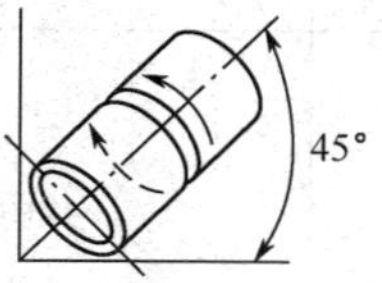 45° 管固定	6GUPHILL
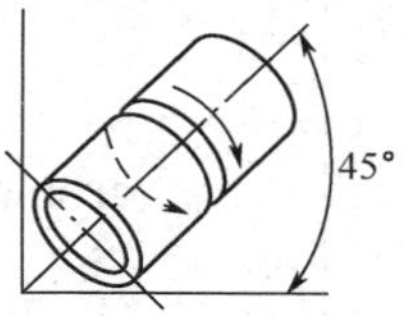 45° 管固定	6GDOWNHILL

续表

简图	焊接位置符号
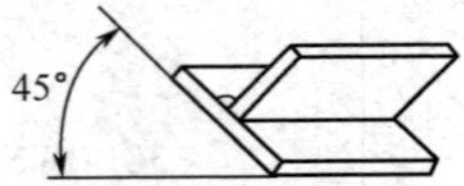 45°	1F
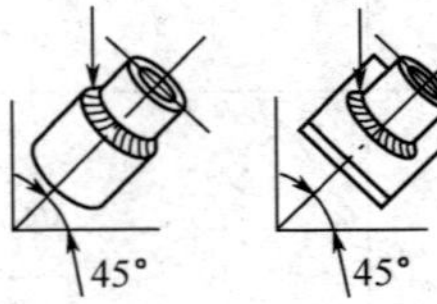 45° 45° 管固定	1FR
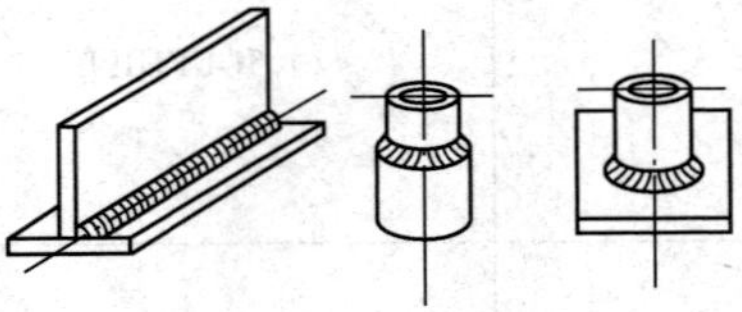	2F
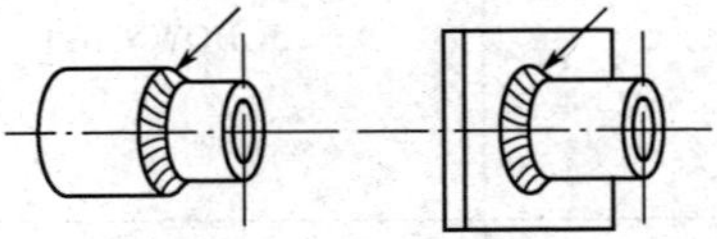	2FR
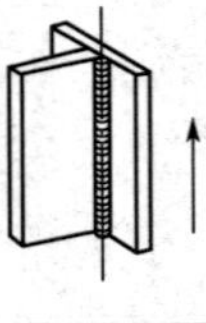	3FUPHILL
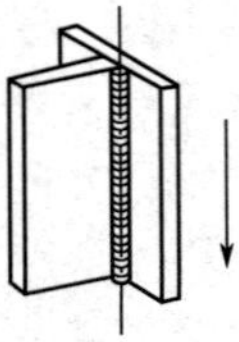	3FDOWNHILL

续表

简图	焊接位置符号
	4F
管固定	5FUPHILL
管固定	5FDOWNHILL

五、焊接符号

焊缝符号和焊接方法代号是在焊接结构图样上使用的统一符号和代号，是一种工程语言。GB/T 324—2008《焊缝符号表示法》对焊缝符号进行了统一的规定，GB/T 5185—2005《焊接及相关工艺方法代号》对焊接工艺方法的代号进行了统一的规定。

完整的焊缝符号包括基本符号、指引线、补充符号、尺寸符号及数据等。标注双面焊缝时，基本符号可以组合使用。

1. 基本符号

基本符号是表示焊缝横截面形状的符号，见表 2-2，基本符号组合见表 2-3。

表 2-2　　焊缝的基本符号

序号	名称	示意图	符号
1	卷边焊缝（卷边完全熔化）		 八
2	T 形焊缝		‖
3	V 形焊缝	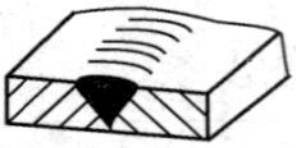	 V
4	单边 V 形焊缝		V
5	带钝边 V 形焊缝		Y
6	带钝边单边 V 形焊缝		Y
7	带钝边 U 形焊缝	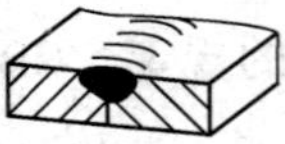	Y
8	带钝边 J 形焊缝		Y
9	封底焊缝		 ◡

续表

序号	名称	示意图	符号
10	角焊缝	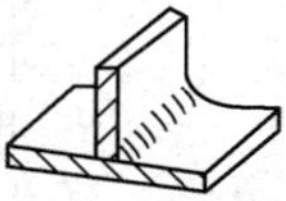	
11	塞焊缝或槽焊缝		
12	点焊缝	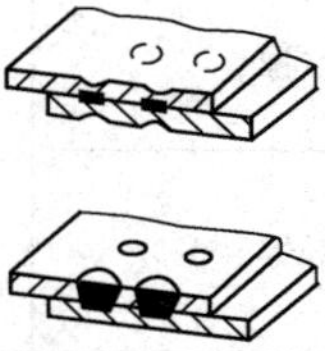	
13	缝焊缝	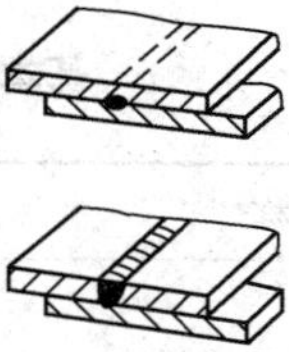	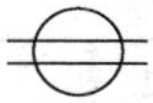
14	陡边 V 形焊缝		
15	陡边单 V 形焊缝		
16	端焊缝		
17	堆焊缝	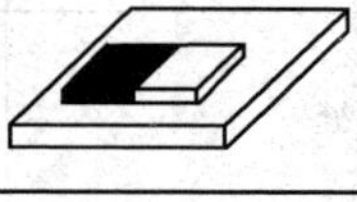	

续表

序号	名称	示意图	符号
18	平面连接（钎焊）	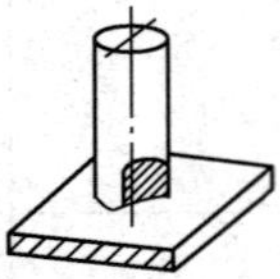 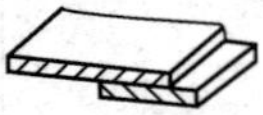	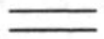
19	斜面连接（钎焊）	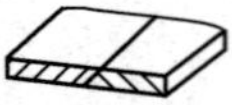	
20	折叠连接（钎焊）		

表 2–3　　基本符号组合

序号	名称	示意图	符号
1	双面 V 形焊缝（X 焊缝）	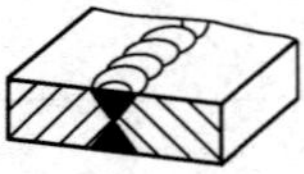	
2	双面单 V 形焊缝（K 焊缝）	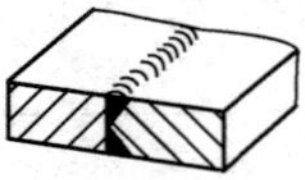	
3	带钝边的双面 V 形焊缝		
4	带钝边的双面单 V 形焊缝		
5	双面 U 形焊缝		

2. 补充符号

补充符号是为了补充说明焊缝的某些特征而采用的符号，如表面形状、衬垫、焊缝分布、施焊地点等，见表 2–4。

表 2–4　　补充符号

序号	名称	符号	说明
1	平面	—	焊缝表面通常经过加工后平整
2	凹面	◡	焊缝表面凹陷
3	凸面	◠	焊缝表面凸起
4	圆滑过渡	⌣⌣	焊趾处过渡圆滑
5	永久衬垫	M	衬垫永久保留
6	临时衬垫	MR	衬垫在焊接完成后拆除
7	三面焊缝	⊏	三面带有焊缝
8	周围焊缝	○	沿着工作周边施焊的焊缝 标注位置为基准线与箭头线的交点处
9	现场焊缝	⚑	在现场焊接的焊缝
10	尾部	<	可以表示所需的信息

3. 指引线

指引线一般由箭头线和两条基准线（一条为实线，另一条为虚线）组成，如图 2–22 所示。

按箭头线在接头中的位置不同，接头可分为箭头侧和非箭头侧，如图 2–23 所示。

箭头线相对焊缝的位置一般没有特殊要求，如图 2–24a、b 所

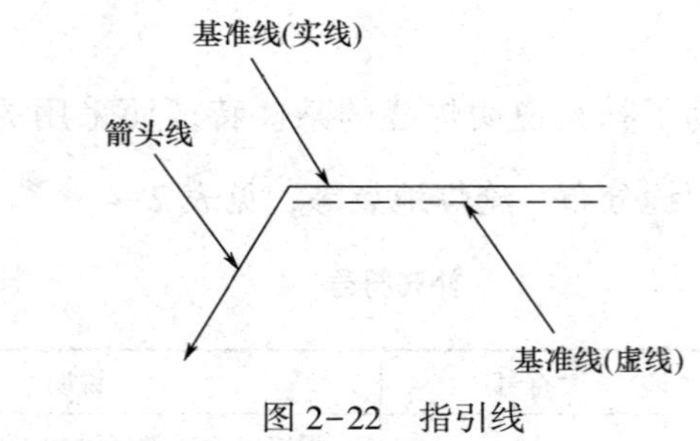

图 2-22　指引线

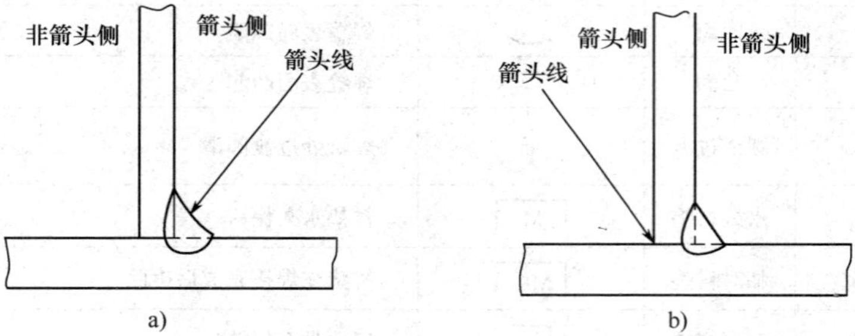

非箭头侧　箭头侧　箭头线

a）

箭头侧　非箭头侧　箭头线

b）

图 2-23　双角焊缝十字接头与箭头线的关系

a）焊缝在箭头侧　b）焊缝在非箭头侧

示。但是，在标注 V 形、Y 形、J 形等单边坡口的焊缝时，箭头线应指向带有坡口一侧的焊件，如图 2-24c、d 所示。

必要时，允许箭头线弯折一次，如图 2-25 所示。

基准线的虚线可以画在基准线的实线下侧或上侧。基准线一般应与图样的底边相平行，但在特殊条件下也可与底边相垂直。

为了能在图样上确切地表示焊缝的位置，特将基本符号相对基准线的位置做如下规定：

（1）如果焊缝在接头的箭头侧，则将基本符号标在基准线的实线侧，如图 2-26a 所示。

（2）如果焊缝在接头的非箭头侧，则将基本符号标在基准线的

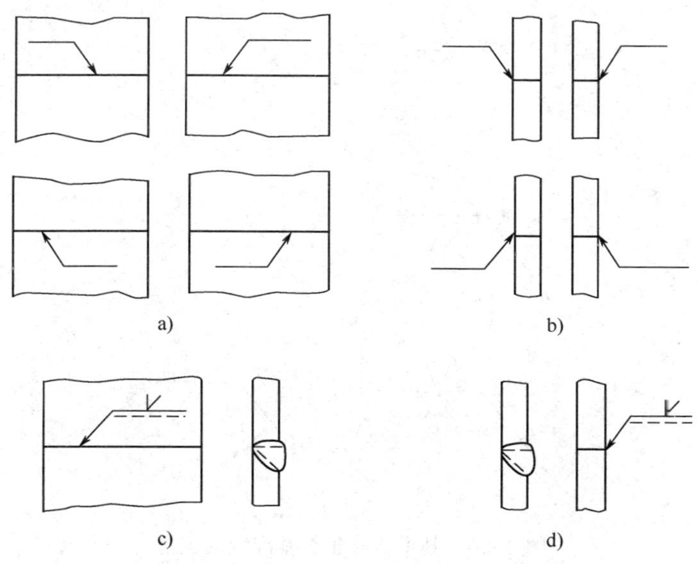

图 2-24　箭头线相对焊缝的位置

a）、b）无特殊要求　c）、d）箭头线指向坡口一侧

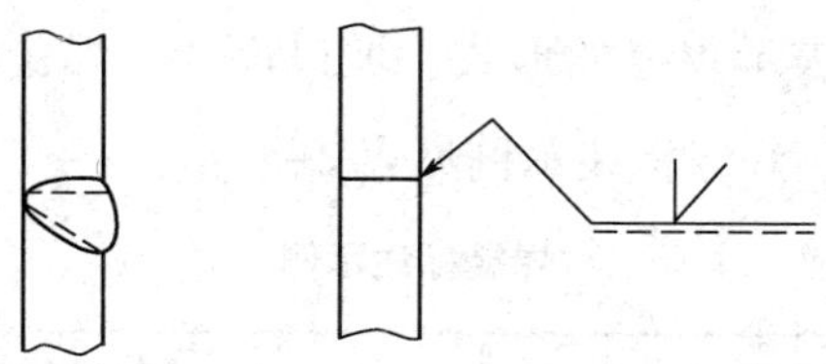

图 2-25　弯折的箭头线

虚线侧，如图 2-26b 所示。

（3）标注对称焊缝及双面焊缝时，可不加虚线，如图 2-26c、d 所示。

六、焊缝符号在图样上的标注

在焊接结构图样中，焊缝符号和焊接方法代号配合标注，就能

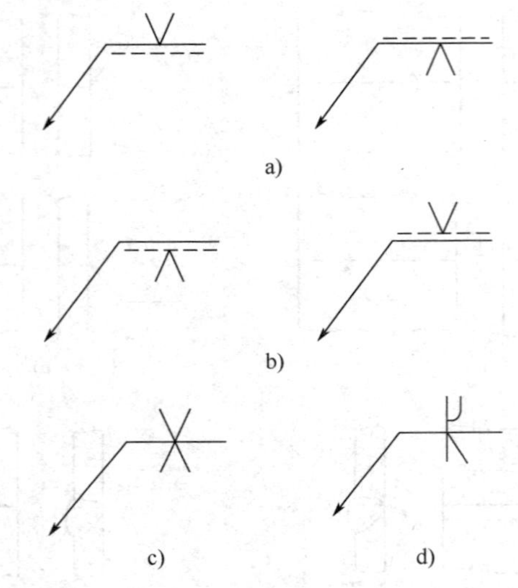

图 2-26　基本符号相对基准线的位置

a）焊缝在接头的箭头侧　b）焊缝在接头的非箭头侧

c）对称焊缝　d）双面焊缝

清晰地在图样上表示焊缝的形式、坡口尺寸、焊缝的尺寸、焊接位置、焊接方法等。焊缝标注示例见表 2-5。

表 2-5　　　　焊缝标注示例

焊缝	焊缝标准	焊缝标注含义
	60° 1 2 111	坡口角度为 60°、根部间隙为 1 mm、钝边为 2 mm 的 Y 形焊缝，焊接方法采用焊条电弧焊
	60° 1 2	坡口角度为 60°、根部间隙为 1 mm、钝边为 2 mm 的双 Y 形焊缝

续表

焊缝	焊缝标准	焊缝标注含义
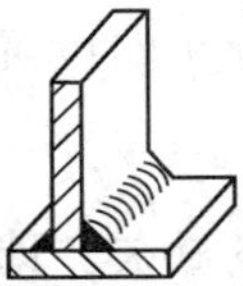	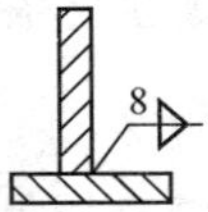 8	焊脚为 8 mm 的双面角焊缝
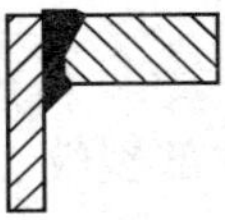	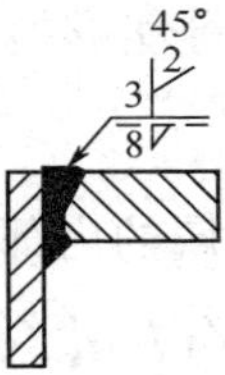 45° 2 3 8	组合焊缝，上面是坡口角度为 45°、钝边为 2 mm、根部间隙为 3 mm 的单边 V 形对接焊缝，下面是焊脚为 8 mm 的角焊缝

模块 4　焊接缺欠及防止措施

一、焊接缺欠

1. 焊接缺欠的定义

焊接缺欠是在焊接接头中，因焊接产生的、超过规定限值的金属不连续性、不致密或连接不良的现象。

2. 焊接缺欠的分类

（1）依据焊接缺欠的性质分类。焊接缺欠依据其性质、特征，可以分为 6 类：裂纹、孔穴、固体夹杂、未熔合及未焊透、形状和尺寸不良、其他缺欠。

GB 6417. 1—2005《金属熔化焊接头缺欠分类及说明》和

GB 6417. 2—2005《金属压力焊接头缺欠分类及说明》详细说明了每一类缺欠的特征及分布形态。

（2）依据焊接缺欠的位置分类。焊接缺欠依据其分布的位置可分为两大类。

1）外部缺欠。外部缺欠是指位于焊缝金属外表面的缺欠，即肉眼能够观察到或用低倍放大镜和检测尺等能够检测出的缺欠，如焊缝余高过大、咬边、焊瘤、表面气孔等。

2）内部缺欠。内部缺欠位于焊缝金属的内部，如内部裂纹、夹杂、未熔合等。内部缺欠需要用无损探伤方法、金相方法或破坏性试验来检验。

3）依据焊接缺欠的几何形状分类。依据焊接缺欠的几何形状，可将其分为面积型缺欠和体积型缺欠，如裂纹、未熔合、未焊透等是面积型缺欠，气孔、夹杂物等是体积型缺欠，通常面积型缺欠比体积型缺欠对焊接结构的危害更大。

3. 裂纹

焊接裂纹通常是在冷却或应力的作用下，造成固态焊缝、热影响区及母材金属局部断裂的缺欠，它具有尖锐的缺口和大长宽比的特征。裂纹的存在减少了焊接接头的工作面积，降低了结构的承载能力，且其尖端能导致很大的应力集中，增加了断裂破坏的可能性，因此它是焊接结构中最危险的缺欠。

裂纹在焊接接头中的分布形态见表 2-6，可分布在焊缝金属、热影响区或母材中，其中弧坑裂纹只出现在焊缝金属中。按裂纹产生的机理可将其分为热裂纹、冷裂纹、再热裂纹、层状撕裂和应力腐蚀裂纹。裂纹的分类与特点见表 2-7。

表 2-6　　　　　　　　　　　　　　裂纹的分布形态

名称	说明	简图
微观裂纹	在显微镜下才能观察到	—
纵向裂纹	基本上与焊缝轴线平行的裂纹，可能存在于焊缝金属中（1011）、熔合线上（1012）、热影响区（1013）以及母材金属中（1014）	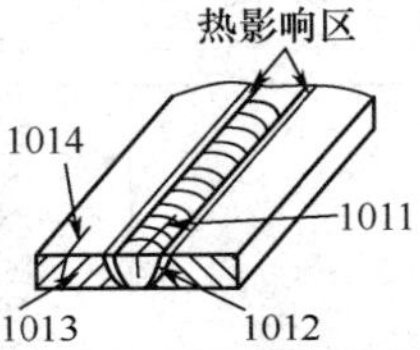 热影响区 1014 1011 1013 1012
横向裂纹	基本上与焊缝轴线垂直的裂纹，可能存在于焊缝金属中（1021）、热影响区中（1023）以及母材金属中（1024）	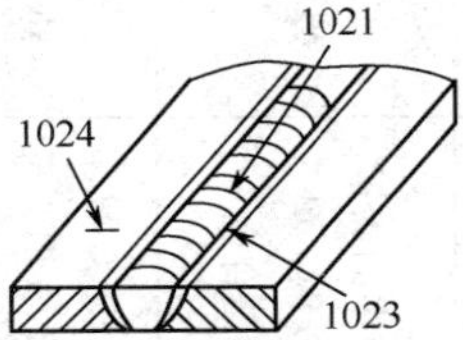 1021 1024 1023
放射状裂纹	具有某一公共点的放射状裂纹，可能存在于焊缝金属中（1031）、热影响区（1033）以及母材金属中（1034）	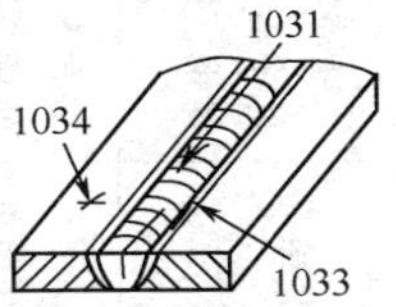 1031 1034 1033
弧坑裂纹	在焊缝收弧弧坑处的裂纹，可能是纵向的（1045）、横向的（1046）和星形的（1047）	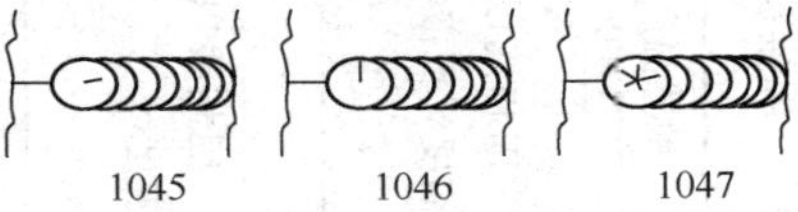 1045 1046 1047
间断裂纹群	一组间断的裂纹可能存在于金属中（1051）、热影响区（1053）以及母材金属中（1054）	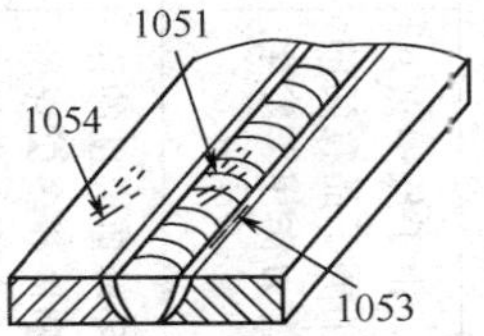 1051 1054 1053
枝状裂纹	在某一公共裂纹派生的一组裂纹，可能存在于焊缝金属中（1061）、热影响区（1063）以及母材金属中（1064）	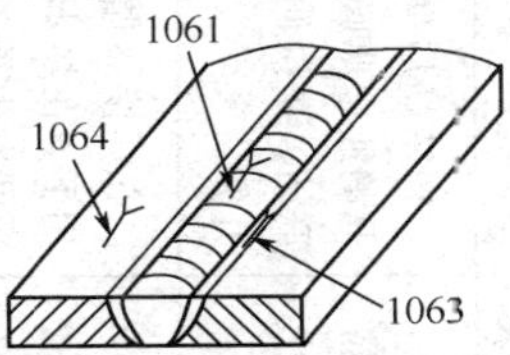 1061 1064 1063

注：图中数字是 GB 6417. 1—2005《金属熔化焊接头缺欠分类及说明》中的缺欠编码

表 2-7　　焊接裂纹的分类与特点

裂纹分类		基本特征	敏感温度区间	被焊材料	位置	裂纹走向
热裂纹	结晶裂纹	在结晶后期，由于低熔点共晶的液态薄膜削弱了晶粒间的联结，在拉伸应力作用下发生开裂	固相线以上稍高温度（固液状态）	杂质较多的碳钢、低中合金钢、奥氏体钢、镍基合金	焊缝上	沿奥氏体晶界开裂
	液化裂纹	在焊接热循环峰值温度的作用下，在热影响区和多层焊的层间发生重熔，在应力作用下产生裂纹	固相线以下稍低温度	含S、P、C较多的镍铬高强钢、奥氏体钢和镍基合金等	热影响区及多层焊的区间	沿晶界开裂
	多边化裂纹	已凝固的结晶前沿，在高温和应力的作用下，晶格缺陷发生移动和聚集，形成二次边界，它在高温处于低塑性状态，在应力作用下产生的裂纹	固相线以下再结晶温度	纯金属及单相奥氏体合金	焊缝、少量在热影响区	沿奥氏体晶界开裂
冷裂纹	延迟裂纹	在淬硬组织、氢和拘束应力的共同作用下而产生的具有延迟特征的裂纹	在 Ms 点以下	中、高碳钢，低、中合金钢，钛合金等	热影响区，少量在焊缝	沿晶或穿晶
	淬硬脆化裂纹	主要是由淬硬组织在焊接应力作用下而产生的裂纹	在 Ms 点附近	含碳的 Ni-Cr-Mo 钢、马氏体不锈钢、工具钢	热影响区及焊缝	沿晶或穿晶

续表

裂纹分类		基本特征	敏感温度区间	被焊材料	位置	裂纹走向
冷裂纹	低塑性脆化裂纹	在较低温度下，由于被焊材料的收缩应变，超过了材料本身的塑性储备而产生的裂纹	在 400 ℃以下	铸铁、堆焊硬质合金	热影响区及焊缝	沿晶或穿晶
再热裂纹		厚板焊接结构消除应力处理过程中，在热影响区的粗晶区存在不同程度的应力集中时，由于应力松弛所产生附加变形大于该部位的蠕变塑性，则发生再热裂纹	600 ~ 700 ℃范围内再次加热	含有沉淀强化的高强钢、珠光体钢、奥氏体钢、镍基合金等	热影响区的粗晶区	沿晶
层状撕裂		主要由于钢板内部存在有分层的夹杂物（沿轧制方向），在焊接时产生的垂直于轧制方向的应力，致使在热影响区或稍远的地方，产生“台阶”式层状开裂	约 400 ℃以下	含有杂质的低合金高强度厚板结构	热影响区附近	沿晶或穿晶
应力腐蚀裂纹		某些焊接结构（如容器、管道等），在腐蚀介质和应力的共同作用下产生的延迟开裂	任何工作温度	碳钢、低合金钢、不锈钢、铝合金等	焊缝和热影响区	沿晶或穿晶

1）热裂纹。焊接过程中，焊缝和热影响区的金属冷却到固相线附近的高温区产生的焊接裂纹是热裂纹。基于热裂纹出现的位置和方式，可将其分为结晶裂纹、液化裂纹、多边化裂纹，如图 2-27 至图 2-30 所示。

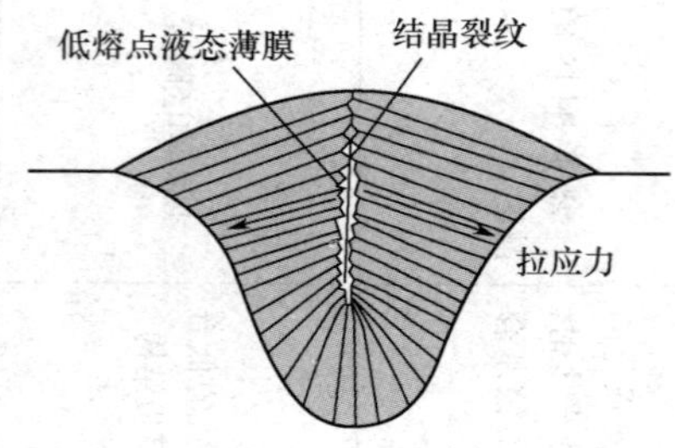

图 2-27　焊缝内结晶裂纹分布

图 2-28　结晶裂纹宏观形貌

2）冷裂纹。焊接冷裂纹是在焊后冷却至较低温度下产生的，主要发生在低合金钢、中合金钢、中碳钢和高碳钢的焊接热影响区。大多数冷裂纹产生在热影响区，有时也会出现在焊缝中。典型的热影响区延迟裂纹如图 2-31 至图 2-33 所示。

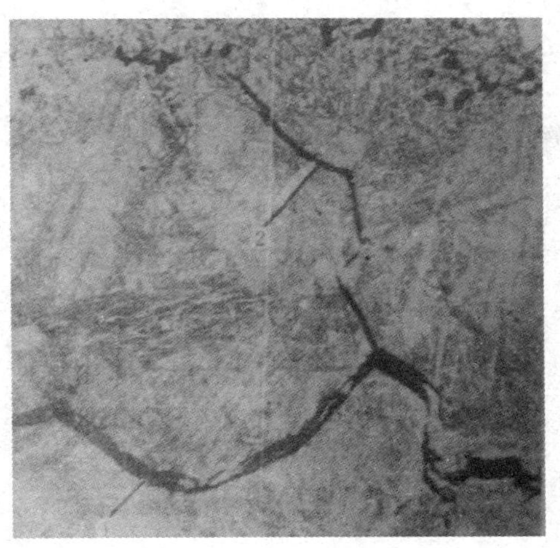

图 2-29　近缝区液化裂纹

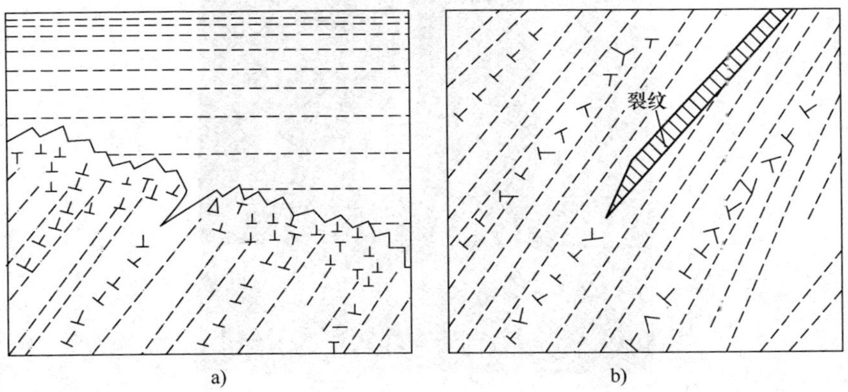

图 2-30　由晶格缺欠形成的多边化边界及多边化裂纹

a）结晶过程　b）结晶结束

3）再热裂纹。再热裂纹是指焊接接头在一定温度范围再次受热而产生的裂纹，如焊后热处理过程中产生的裂纹以及焊接接头在高温服役时出现的裂纹。再热裂纹发生在焊接热影响区的粗晶区并沿

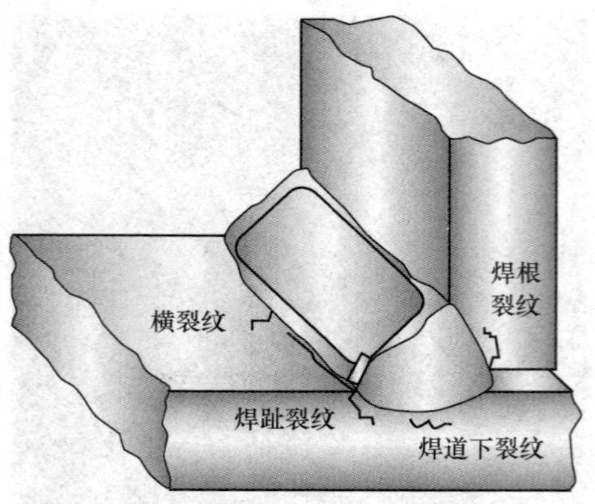

图2-31　典型热影响区延迟裂纹

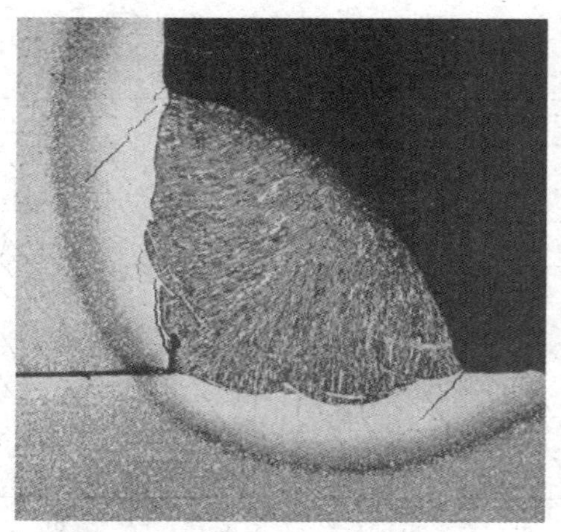

图2-32　焊趾裂纹

晶开裂；在再次受热以前，焊接区存在较大的残余应力并有应力集中；产生再热裂纹存在敏感温度区间，如奥氏体不锈钢约在700～900 ℃，沉淀强化的低合金钢在500～700 ℃；含有沉淀强化元素（如Cr、Mo、V等）的金属材料才具有再热裂纹倾向，碳素钢和固

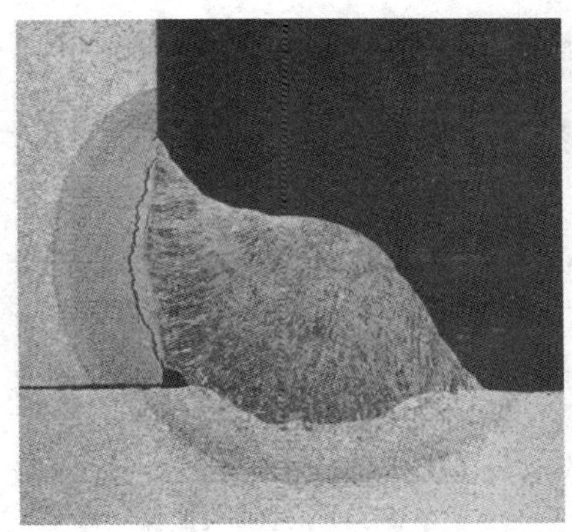

图 2–33　焊道下裂纹

溶强化的金属材料一般不产生再热裂纹。

4）层状撕裂。厚板结构焊接时，特别是 T 形接头和角接接头，在强制拘束条件下，焊缝收缩时会在母材厚度方向产生较大的拉伸应力和应变，当应变超过母材金属的塑性变形能力之后，夹杂物与金属基体之间就会发生分离而形成微裂纹，在应力的继续作用下，裂纹尖端沿着夹杂物所在平面扩展，形成“平台”，且相邻“平台”之间由于不在同一平面上而发生剪切应力，造成剪切断裂，形成“剪切壁”，构成了层状撕裂特有的阶梯状形态，如图 2–34 所示。

4. 孔穴

孔穴包括气孔和弧坑缩孔两类。

（1）气孔。气孔是熔池中的气泡未能逸出而残留下来形成的孔穴。气孔的存在形式包括内部气孔和表面气孔，如图 2–35 所示。焊缝中的气孔会削弱焊缝的有效工作截面积，引起应力集中，降低焊缝金属的强度和韧性，对动载强度和疲劳强度更为不利。

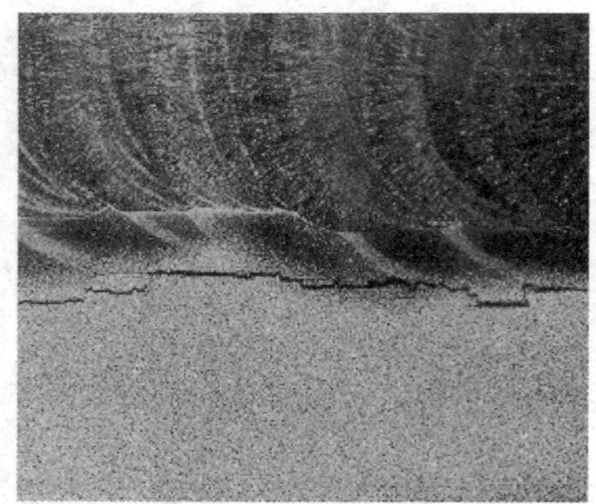

图 2-34　层状撕裂形貌

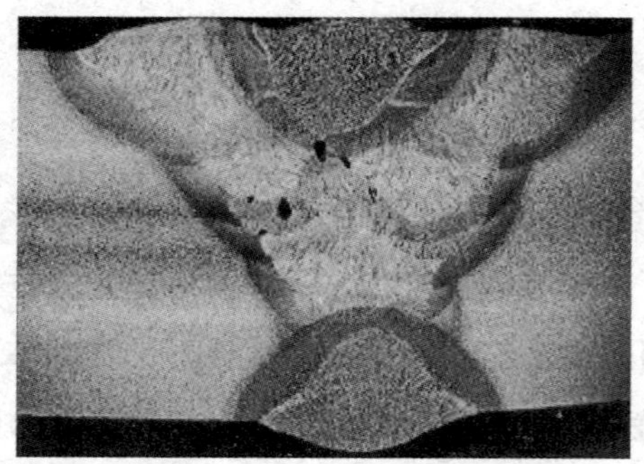

a)

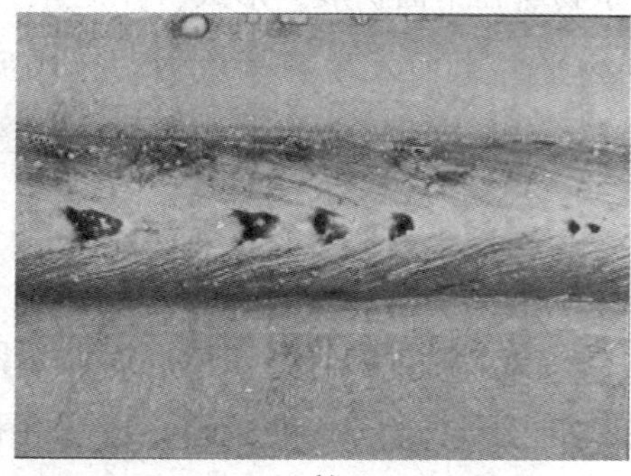

b)

图 2-35　焊缝中的气孔

a）内部气孔　b）表面气孔

（2）弧坑缩孔。由于凝固过程中的收缩，在焊缝结束的地方形成的收缩孔洞称为弧坑缩孔，如图 2–36 所示。其产生的原因主要是弧坑填丝不当。TIG 焊时为避免弧坑缩孔，必须降低焊接电流，通过连续的电流衰减缓缓将电弧熄灭。

图 2–36　弧坑缩孔

5. 固态夹杂

在焊缝金属中残留的固体杂物为固态夹杂，分为夹渣、焊剂夹渣、氧化物夹杂、金属夹杂 4 类。

（1）夹渣。夹渣是残留在焊缝金属中的熔渣，如图 2–37 所示。

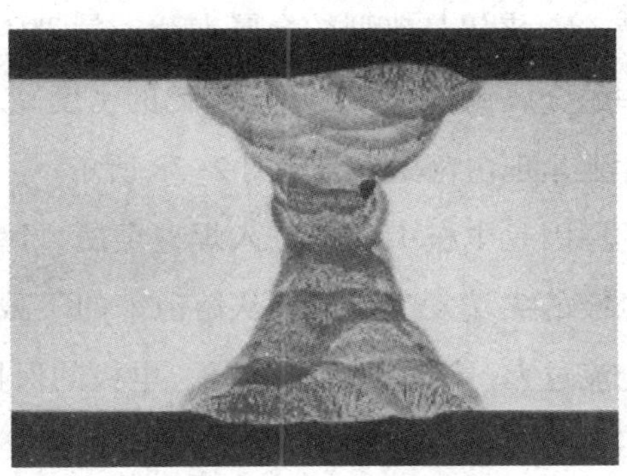

图 2–37　焊道夹渣

多道焊时，前道焊缝清渣不彻底；焊接时熔渣流到电弧的前面；焊接时熔渣被卷到熔池等都是造成焊缝夹渣的原因。这需要通过焊道间彻底清渣、采用正确的焊接工作位置控制熔渣等措施避免夹渣的产生。焊工使用正确的焊条角度对减少夹渣产生也十分重要。采用焊条电弧焊焊接时，焊缝金属中总会存在夹渣，只有夹渣尺寸较大或尖锐有棱角时才会产生有害的影响。

（2）焊剂夹渣。残留在焊缝金属中的焊剂渣造成的焊剂夹渣，通常具有不规则的形状。它只出现在使用焊剂的焊接过程中，如焊条电弧焊、埋弧焊、药芯焊丝电弧焊等，其产生的原因为焊接时药皮破坏（焊条电弧焊）或焊剂未熔化（埋弧焊、药芯焊丝电弧焊）。这需要通过更换状态良好的焊接材料或调节焊接参数来避免。

（3）氧化物夹杂。氧化物夹杂是凝固时残留在焊缝金属中的金属氧化物，主要是由于工件表面有氧化皮/铁屑导致的。

一种特殊的氧化物夹杂物为折叠的氧化物（皱褶），通常出现在铝合金焊接中，是焊接熔池保护不良和熔池中的紊流和湍流而形成的大量氧化膜。

（4）金属夹杂。夹钨是典型的金属夹杂。是 TIG 焊接过程中残留在焊缝金属中的金属钨颗粒。由于金属钨的密度高于周围的金属，在射线探伤底片上呈现白色亮点，如图 2-38 所示。

产生夹钨的原因是电极中的钨进入焊缝金属。钨电极和熔池接触、焊丝和钨电极的尖端发生接触、从熔池来的飞溅物污染钨电极的尖端、焊接电流过大、钨电极延伸过长、电极的保护罩没有拧紧、保护气体流量不足、钨电极分离或开裂等都会造成夹钨。采用高频起弧、避免焊丝和电极的接触、降低焊接电流、调整保护气体流量、减少电极长度等措施可避免夹钨缺欠的产生。

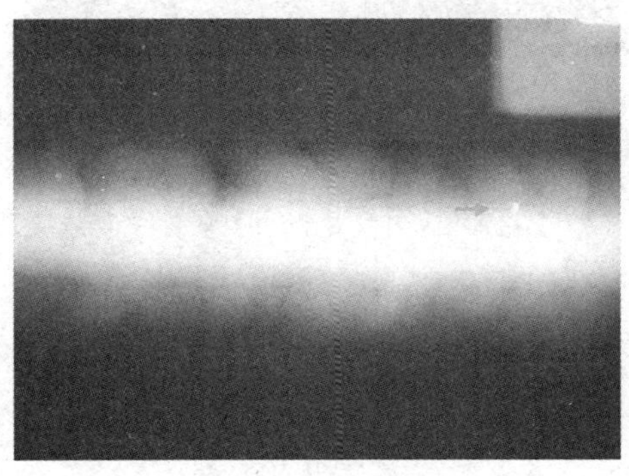

图 2-38　夹钨

6. 未熔合与未焊透

(1) 未熔合。未熔合是焊缝金属和母材或焊缝金属各焊层 (焊道) 之间未结合的现象。焊接时，熔池金属在电弧力作用下被排向尾部而形成沟槽，电弧向前移动时沟槽中又填进熔池金属，若此时槽壁处的液态金属层已凝固，填进的熔池金属的热量不能使金属再熔化，则形成未熔合。未熔合常出现在焊接坡口侧壁形成侧壁未熔合，如图 2-39a 所示；出现在多层焊的层间形成层间未熔合，如图 2-39b 所示；出现在焊缝的根部形成根部未熔合，如图 2-39c 所示。

未熔合显著减小焊接接头承载面积，导致较严重的应力集中，其危害性仅次于焊接裂纹。

(2) 未焊透。未焊透是实际熔深未达到设计熔深，分为不完全熔透和根部未焊透，如图 2-40 所示。单面焊和双面焊时都可能产生未焊透缺欠，是危害性仅次于裂纹的严重缺欠。

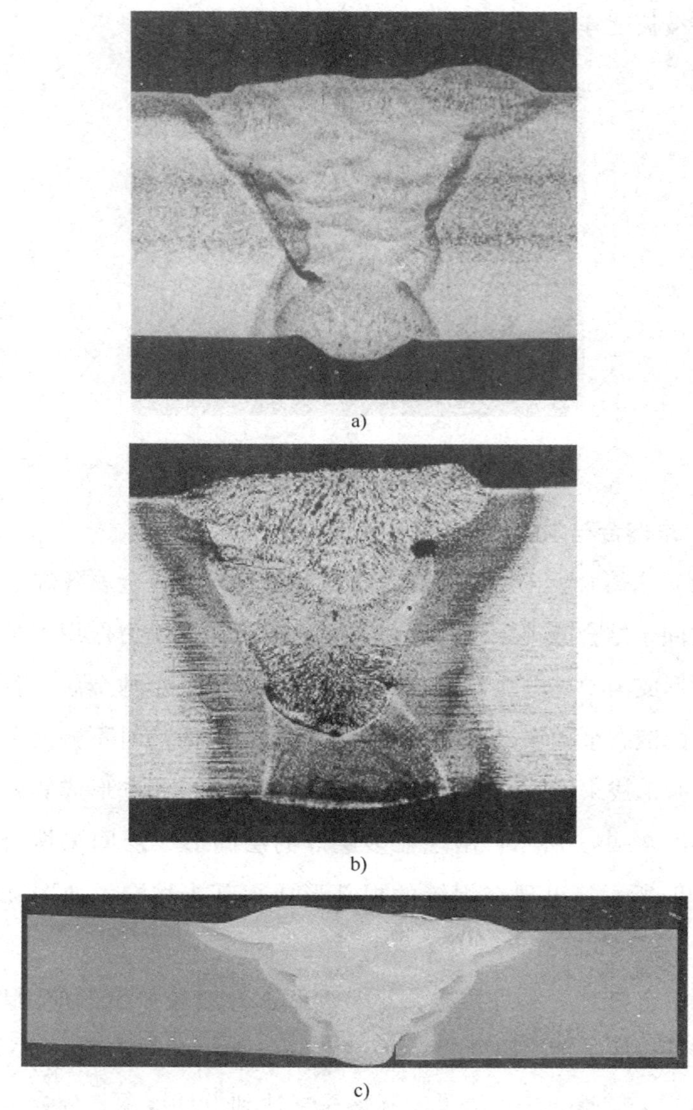

a)

b)

c)

图 2-39　未熔合

a）侧壁未熔合　b）层间未熔合　c）根部未熔合

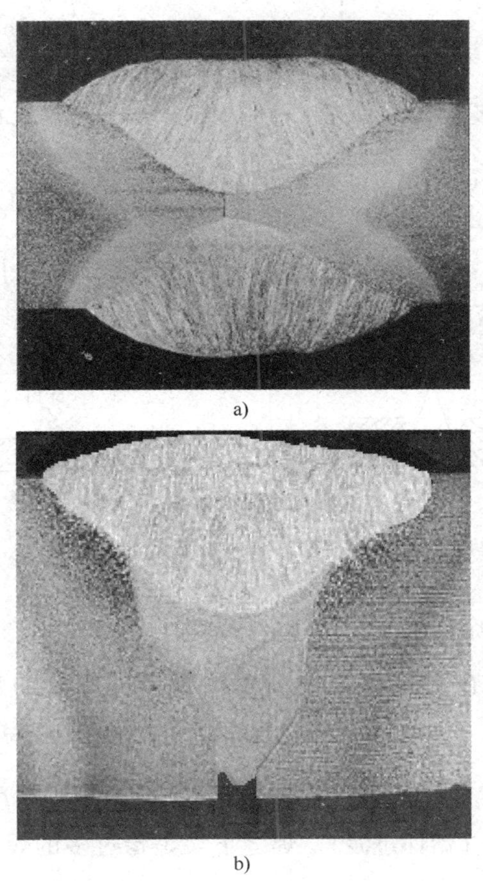

a)

b)

图 2-40 未焊透

a）不完全熔透 b）根部未焊透

7. 形状和尺寸不良

（1）咬边。咬边是母材（或前一道熔敷金属）在焊趾处因焊接产生的不规则缺口。咬边可以分为连续咬边、间断咬边、焊道间咬边、缩沟等，如图 2-41 所示。

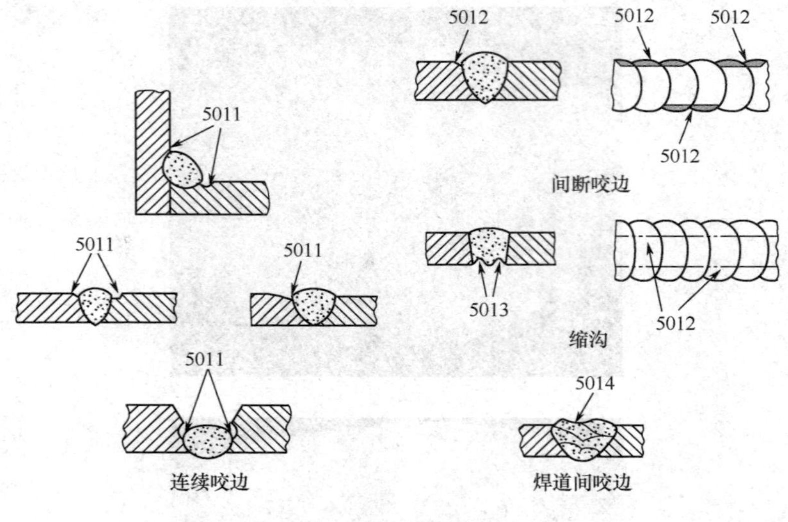

图 2-41　咬边①

（2）焊缝余高过高。焊缝余高是指在角焊缝中产生的多余的凸起焊缝金属或在对接焊缝中高于母材厚度部分的焊缝金属，如图 2-42 所示。这些多余部分只有在其尺寸超出公称尺寸的范围时才被视为缺欠。

（3）下塌（熔深过渡）。焊缝下塌是指过多的焊缝金属伸到了焊缝根部，超过规定的极限值，如图 2-43 所示。它可以是连续的，也可以是断续的。

（4）焊瘤。覆盖在母材金属表面，但未与其熔合的过多焊缝金属称为焊瘤，其可能出现在焊趾位置或焊根位置，如图 2-44 所示。

（5）错边。对接焊时，两个焊件表面应平行对齐，未达到规定

① 图 2-41～图 2-51 中的数字是 GB 6417.1—2005《金属熔化焊接头缺欠分类及说明》中的缺欠编码。

图 2-42　焊缝余高过高

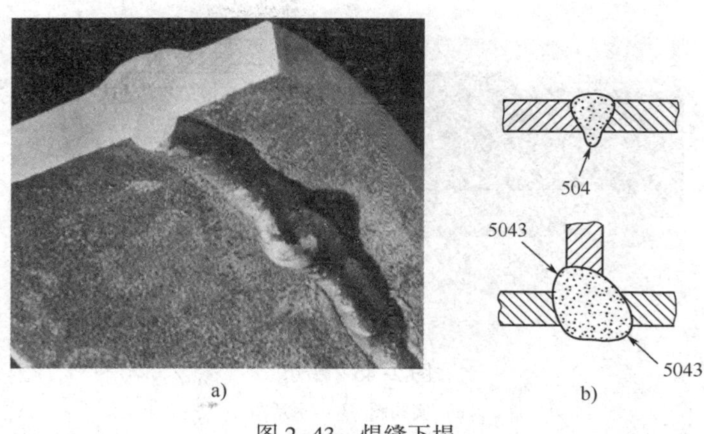

图 2-43　焊缝下塌

a）实物图　b）示意图

的平行对齐要求而产生的偏差称为错边（两块板的平面平行，但不在同一平面），如图 2-45 所示。错边不是真正的缺欠，而是结构加工的问题，但错边会增加焊缝局部的剪切力，产生弯曲应力。焊件安装误差或由其他焊缝引起变形、钢板或型材的平整度不够均匀都可能引起错边。

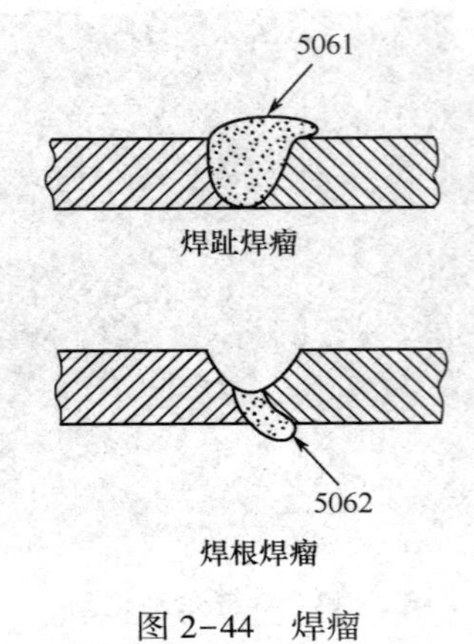

图 2-44　焊瘤

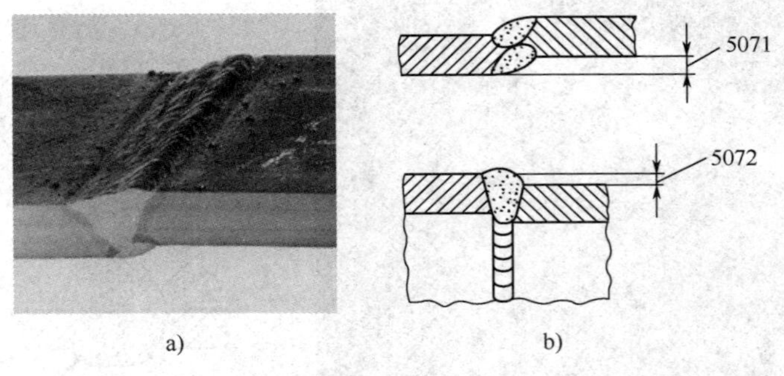

图 2-45　错边

a）实物图　b）示意图

（6）焊缝角变形。焊接时，由于焊接区沿板材厚度方向不均匀的横向收缩而引起的回转变形称为焊缝角变形（如图 2-46 所示），即焊缝两侧板的中心线（在厚度方向）不平行，存在一定的角度，其产生原因与错边相同。

（7）未焊满。由于焊缝表面填充金属不足，在焊缝表面形成的连续或间断的沟槽即为未焊满。与咬边不同，未焊满直接影响焊缝

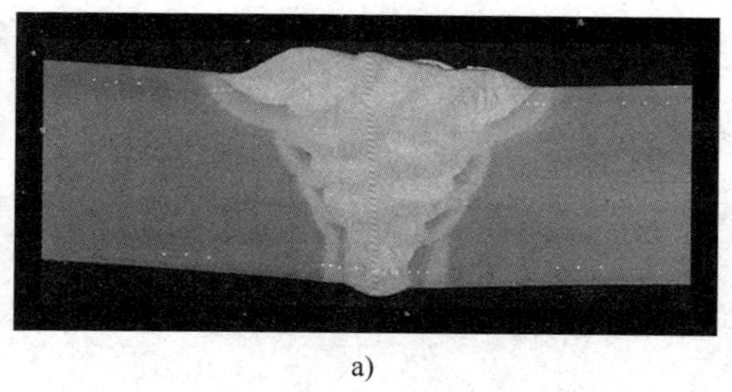

a)

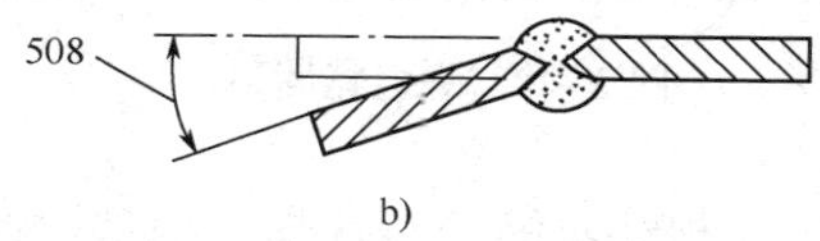

b)

图 2-46　焊缝角变形

a）实物图　b）示意图

的承载能力，咬边是在焊缝边缘形成一个引起应力集中的沟槽，如图 2-47 所示。

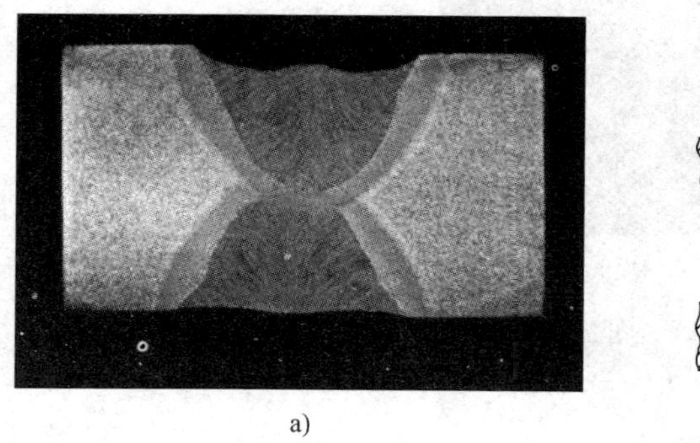

a)

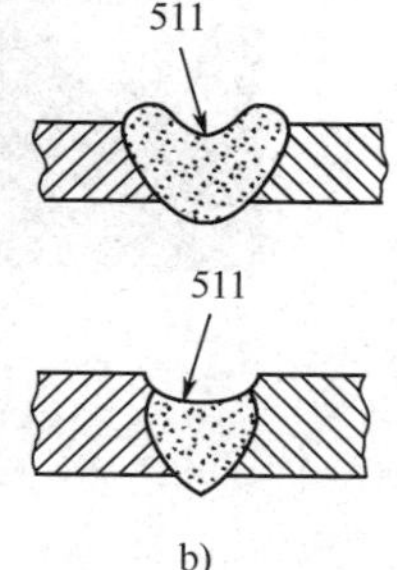

b)

图 2-47　未焊满

a）实物图　b）示意图

（8）焊缝宽度不均匀。严重的电弧漂移会引起焊缝宽度波动过大，导致焊缝宽度不均匀，如图 2-48 所示。这种缺欠不会影响焊缝的完整性，但影响热影响区的宽度，降低接头的承载能力（对细晶粒钢的焊接而言）或耐腐蚀性（对不锈钢的焊接而言）。

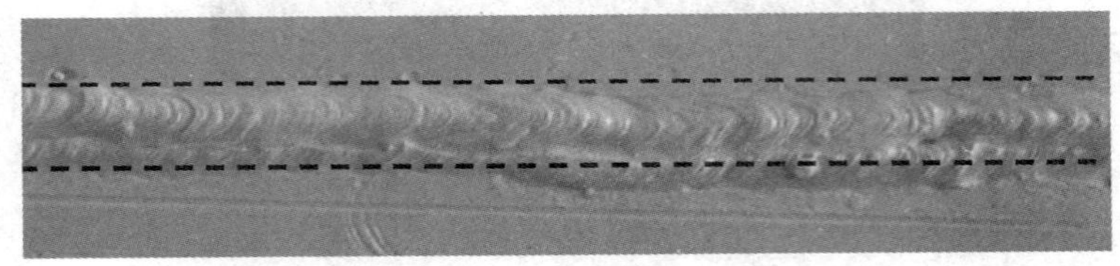

图 2-48　焊缝宽度不均匀

（9）根部收缩。根部收缩是对接焊道根部收缩产生的沟槽，如图 2-49 所示。焊接电弧能量过低、焊缝背面气体压力过大、焊接熔渣流入垫板的沟槽中均可能引起根部收缩。

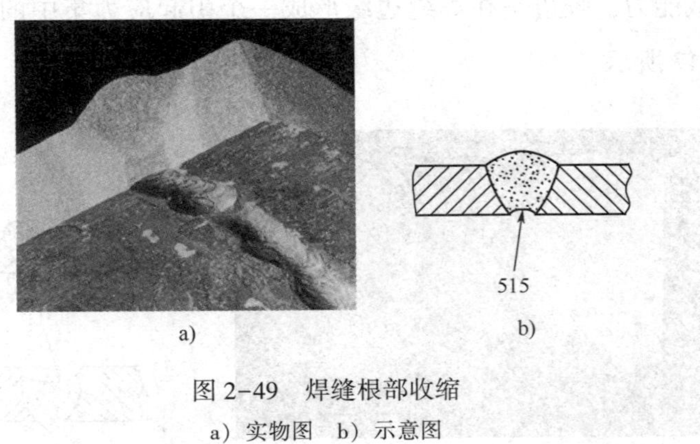

a)　　b)

图 2-49　焊缝根部收缩

a）实物图　b）示意图

（10）烧穿。烧穿是由于熔池的塌陷而在焊缝中形成的孔洞，如图 2-50 所示。焊接速度过慢、焊接电流过大、根部间隙过大、根部钝边打磨过多，均可能产生烧穿。

（11）电弧擦伤。在坡口外引弧或起弧而造成焊缝邻近母材表面

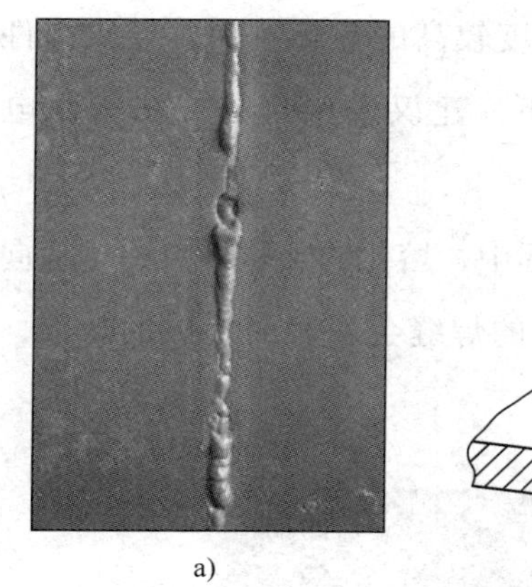

a)

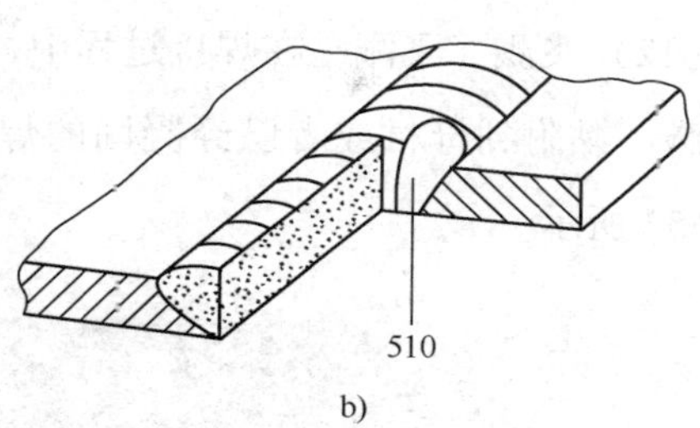

b)

图 2-50　烧穿

a）实物图　b）示意图

处的局部损伤称为电弧擦伤，如图 2-51 所示。其产生通常由于焊条、固定部件等接触母材表面而形成的。

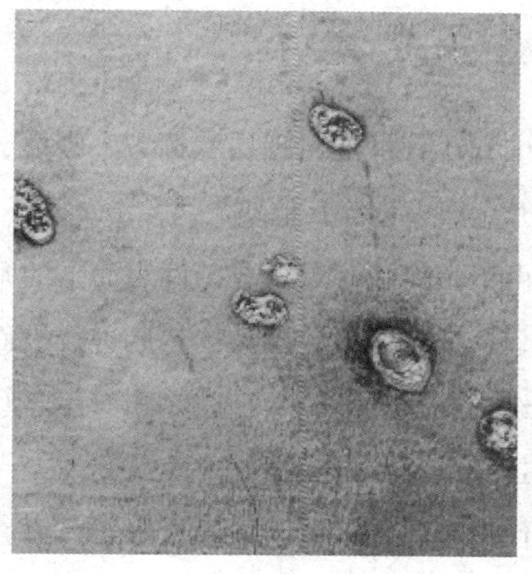

图 2-51　电弧擦伤

当发生电弧擦伤时，会产生硬度较高的热影响区，导致部件在服役时可能产生裂纹。通常情况下，建议采用打磨方法去除电弧擦伤。

（12）飞溅。飞溅是在焊接过程中，熔化的金属颗粒和熔渣向周围飞溅，黏附到母材或者已经凝固的焊缝金属表面形成的缺欠，如图2–52所示。

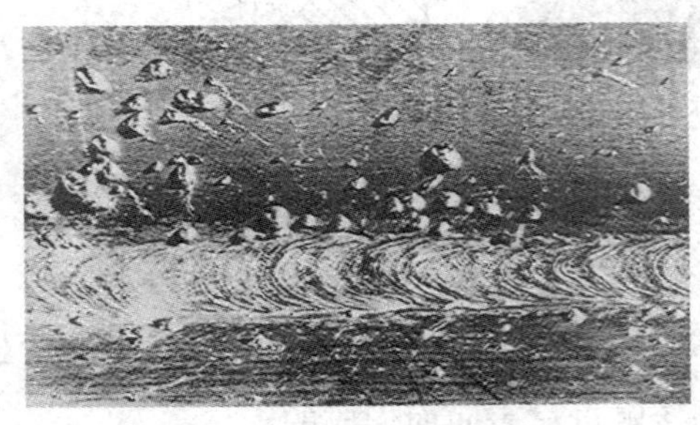

图2–52　飞溅

8. 其他缺欠

在焊接接头中，还有可能出现层状撕裂、磨痕、刮痕、打磨过量、双面焊道错开、回火色等其他缺欠。

层状撕裂是由于去除临时焊接在工件表面上的附件所引起的局部表面破裂损伤。这个区域应该磨掉，然后进行表面渗透检验或者磁粉探伤，再用经批准的合格焊接工艺规程修复或填满。

磨痕是由于打磨形成的局部损伤。

刮痕是由于使用金属锉刀或其他的金属工具而在母材表面形成的局部损伤。

打磨过量是由于过度打磨而在局部形成的厚度减薄。

双面焊道错开是指接头两面施焊的焊道中心线错开。

回火色（可见的氧化膜）是焊缝区轻微氧化的表面，一般为金黄色或蓝色，常出现在不锈钢中。

二、常见焊接缺欠防止措施

1. 裂纹防止措施（见表 2–8）

表 2–8　裂纹的防止措施

裂纹	防止措施
结晶裂纹和液化裂纹	控制焊缝中硫、磷、碳等元素的含量
	改善焊缝一次结晶组织，细化晶粒
	对某些结晶裂纹倾向大的材料，可增加焊缝中低熔点共晶的数量
	适当降低焊接电流（产生熔深浅的焊道）
	适当降低焊接速度（增加焊缝的宽度）
	选择合理的接头形式
	采用碱性焊条和焊剂，可有效控制有害杂质，具有较高的抗热裂能力
	采用多层焊，避免应力集中
	合理安排焊接顺序
冷裂纹	提高钢材的品质，采用低碳多种微量元素强化方式控制焊缝中硫、磷、碳等元素的含量
	选用优质的低氢焊接材料或低氢焊接方法
	烘干焊条、焊剂，使用干燥的保护气体
	清除焊接材料、钢板坡口区域的铁锈、油污等
	在接头强度允许的条件下，使用奥氏体焊接材料焊接淬硬倾向大的中、低合金高强钢
	预热

续表

裂纹	防止措施
冷裂纹	焊后热处理
	控制层间和道间温度
	避免由于不合适的装配而造成应力集中
	避免不良的焊缝形状
层状撕裂	选用抗层状撕裂的材料，如 Z 向钢
	改善焊接接头设计
	改善焊接工艺，采用较小的热输入；控制焊缝尺寸，避免大焊脚；采用小焊道多道焊；选用低氢的焊接方法等
再热裂纹	选用再热裂纹敏感性低的母材
	选用低匹配的焊接材料
	控制热输入，选择小热输入的焊接方法
	预热和焊后热处理
	降低残余应力、避免应力集中

2. 孔穴防止措施（见表 2–9）

表 2–9　　孔穴的防止措施

孔穴	防止措施
气孔	焊前仔细清理焊件、焊材上的铁锈、油污等杂质
	焊条、焊剂应严格按规定烘干，且烘干后的放置时间不能过长，宜存放在保温筒中，随用随取
	采用合理的焊接参数，低氢型焊条尽量采用短弧焊并适当摆动，利于气体逸出
	优化焊接操作工艺
弧坑缩孔	优化弧坑填丝工艺，缓缓将电弧熄灭

3. 固态夹杂防止措施（见表 2-10）

表 2-10　　固态夹杂的防止措施

固态夹杂	防止措施
夹渣	焊道间彻底清渣，采用正确的焊接工作位置控制熔渣，使用正确的焊条角度
焊剂夹渣	更换状态良好的焊接材料或调节焊接参数
氧化物夹杂	选用合适的焊接参数，注意保护熔池
夹钨	采用高频起弧、避免焊丝和电极的接触、降低焊接电流、调整保护气体流量、减少电极长度等

4. 未熔合和未焊透防止措施（见表 2-11）

表 2-11　　未熔合和未焊透的防止措施

缺欠类型	防止措施
未熔合	采用合理的焊接参数
	选择合适的焊接角度
	保证焊丝摆动幅度
	尽量多层多道焊
未焊透	加强坡口及层间清理

5. 形状和尺寸不良防止措施（见表 2-12）

表 2-12　　形状和尺寸不良的防止措施

形状和尺寸不良	防止措施
咬边	小的焊接电流
	较小的电弧长度
	正确的焊条角度和运条方式

续表

形状和尺寸不良	防止措施
焊缝余高过高	小的焊接电弧能量
	合理道层次安排
	小的盖面焊材直径
	合适的焊接速度和极性
	合适的运条方式
下塌	低焊接热输入
	小的根部间隙
	较大的钝边
	使用垫板
焊瘤	低焊接热输入
	适当运条方式和焊接位置
	合理的焊条药皮类型
错边	合理的装配工艺
焊缝角变形	较小焊接电流
	对称焊接
	刚性约束
	设置反变形
未焊满	合理安排焊接层数和道次
焊缝宽度不均匀	改善焊接操作技能
根部收缩	适当增大焊接规范
	减小背面气体压力
	防止熔渣流入垫板沟槽
烧穿	降低焊接速度
	减少焊接电流
	减少根部间隙
	适当增加钝边高度
电弧擦伤	使用变光面罩
	保证焊接回路的各部件接触良好
飞溅	选用合理焊接参数
	使用防飞溅剂

第3单元 常用焊接方法

模块1　焊条电弧焊

一、焊条电弧焊概况

手工焊条电弧焊是在1888年由俄罗斯人最先发明的。当时使用没有药皮保护的裸金属丝进行焊接，所以焊接时不生成防止氧化的保护气。直到20世纪初，才开始使用带药皮的焊条。作为最通用的焊接方法，焊条电弧焊可用于大多数黑色及有色金属的焊接，可焊厚度范围广。焊条电弧焊可用于各种位置的焊接，使用方便，经济性较好，最终的焊接质量主要取决于焊工的技术。图3-1所示为焊条电弧焊示意图。

焊条电弧焊具有以下优点：

（1）工艺灵活、适应性强，适用于碳钢、低合金钢、耐热钢、低温钢和不锈钢等各种材料的平、横、立、仰各种位置以及不同厚度、结构形状的焊接。

（2）质量好，与气焊及埋弧焊相比，金相组织细，热影响区小，接头性能好。

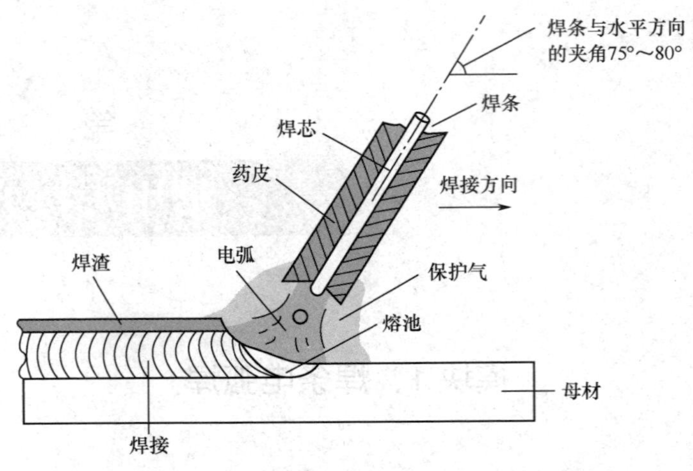

图 3–1　焊条电弧焊过程

（3）易于通过工艺调整（如对称焊等）来控制变形和改善应力。

（4）设备简单、操作方便。

焊条电弧焊具有以下缺点：

（1）对焊工要求高，焊工的操作技术和经验直接影响产品质量的好坏。

（2）劳动条件差。焊工在工作时必须手脑并用，精神高度集中，而且还要受到高温烘烤，有毒、烟、尘和金属蒸气的危害。

（3）生产率低。受焊工体质的影响，焊接参数选择较小，故生产率低。

焊条电弧焊应用范围：造船、锅炉及压力容器、机械制造、建筑结构、化工设备等制造维修行业。

二、焊条电弧焊焊接工艺内容

焊条电弧焊焊接工艺内容包括焊条型号（牌号）、焊条直径、焊接电流、电弧电压、焊接速度、焊接层数、电流种类和焊接极性等。本模块主要介绍焊条直径、焊接电流、电弧电压、焊接速度和焊接极性。

1. 焊条直径

焊条直径的选择与下列因素有关。

（1）焊件的厚度。厚度较大的焊件应选用直径较大的焊条，而厚度较小焊件应选用直径较小的焊条。焊条直径与焊件厚度的关系见表3–1。

表3–1　焊条直径与焊件厚度的关系　mm

焊件厚度	≤1.5	2	3	4~5	6~12	≥12
焊条直径	1.6	2.5	3.2	3.2~4	4~5	4~6

（2）焊接位置。与横焊、立焊、仰焊三种焊接位置相比，平焊不存在熔池金属下流的倾角，所以焊条直径可选择大一些。横焊和仰焊时，焊条的直径不超过4 mm；立焊时，焊条的直径不超过5 mm，尽量形成较小的熔池以减少熔化金属下流。

（3）焊道层数。多层多道焊时，第一层焊道要采用直径较小的焊条，以保证根部焊透。双面焊时，背面碳弧气刨清焊根以后，焊道窄而深，也应采用直径较小的焊条。其他焊道可采用直径较大的焊条。

2. 焊接电流

合适的焊接电流是取得良好的焊缝成形和保证焊接质量的关键。焊接电流与焊缝熔深正相关，焊接电流越大，焊缝熔深越大。焊接电流过小，不仅引弧困难，电弧不稳，而且会造成未焊透和夹渣缺欠，焊缝成形也不好。焊接电流过大，容易产生烧穿和咬边等缺欠，使熔池合金元素烧损严重，影响焊缝的力学性能。焊接电流的大小与焊条的类型、直径、焊件的厚度、焊接接头的形式、焊接位置以及焊道层次等因素有关。其中，焊条的直径和焊接位置是决定性因素。

（1）根据焊条的直径选择焊接电流。焊条直径大，熔化焊条所需要的电弧热量多，所以焊接电流就应增大。

（2）根据焊接位置选择焊接电流。其他焊接参数相同的情况下，焊接位置（平焊、横焊、立焊、仰焊四种）的不同，焊接电流也有所不同。平焊时，运条和控制熔池金属比较容易，可选用较大的电流进行焊接。由于熔池金属有流淌现象，立焊时选用的焊接电流要比平焊时减小10%~15%。而横焊和仰焊则应更小一些，比平焊时应减小15%~20%。

（3）根据焊条的类型选择电流。通常情况下，相同直径的焊条，碱性焊条使用的焊接电流应比酸性焊条的小10%~15%；不锈钢焊条使用的焊接电流比碳钢焊条的小15%~20%。例如，直径为3.2 mm的E4303焊条（酸性焊条）的焊接电流一般应为110~120 A，相同直径的E5015焊条（碱性焊条）焊接电流应为90~100 A。

在施焊过程中，有经验的焊工可以根据焊接时电弧发出的声音、焊接飞溅的情况、熔池的形状、焊缝成形、焊条的熔化情况等因素，来判断焊接电流的大小，具体特征见表3-2。

3. 电弧电压

焊条电弧焊的电弧电压主要由电弧长度来决定。电弧长，电弧电压高；电弧短，电弧电压低，所以电弧电压可由焊工在焊接时灵活

表 3–2　　焊接电流大小的判断

项目	焊接电流合适	焊接电流过大	焊接电流过小
听声音	“沙沙”，夹着劈啪声	“哗哗”	“嗞嗞”
看飞溅	飞溅较小	飞溅颗粒大，爆裂声大	熔渣和铁液不分
熔池的形状	熔池呈鸭蛋形	熔池呈长形	熔池呈扁形
焊缝成形	余高适中，过渡圆滑，鱼鳞纹美观，熔合良好	熔深大，焊缝宽而低，两侧易咬边	焊缝窄而高，两侧熔合不好
焊条的熔化情况	熔化正常	焊条红热，药皮脱落	熔化困难，易粘在焊件上

掌握。焊条电弧焊的弧长通常控制在焊条直径的 0.5~1.0 倍，电弧电压一般为 16~25 V。例如，直径为 4 mm 的 E5015 焊条，焊接电流一般为 160~170 A，电弧电压为 22~24 V。在焊接过程中，如果出现电弧不稳、易摆动的现象或产生咬边、未焊透等缺欠时，主要是由于焊接电弧过长，电弧电压过大，应及时调整弧长，保持适中的电弧电压。

4. 焊接速度

单位时间内完成的焊缝长度称为焊接速度。焊条电弧焊的焊接速度即指焊工操纵焊条前移的速度。所以，焊接速度主要由焊工根据实际情况灵活掌握，随时调整，以保证焊缝的高低宽窄一致，成形良好。焊接工艺卡中的焊接速度，是根据焊接工艺评定时采用的焊接速度所确定的一个速度范围。焊接生产时，要依焊接工艺卡的规定速度进行焊接。例如，直径为 4 mm 的 E5015 焊条，电弧电流一般为

160～170 A，电弧电压为 22～24 V，焊接速度应为 10～15 cm/min，即每分钟完成 10～15 cm 长的焊缝。

5. 焊接极性

采用直流电源施焊时，焊件与电源输出端正极、负极的接法称为极性。极性有正接和反接两种。正接即焊件接电源正极，焊条接电源负极的接线法，也称正极性。反接即焊件接电源负极，焊条接电源正极的接线法，也称反极性，如图 3–2 所示。

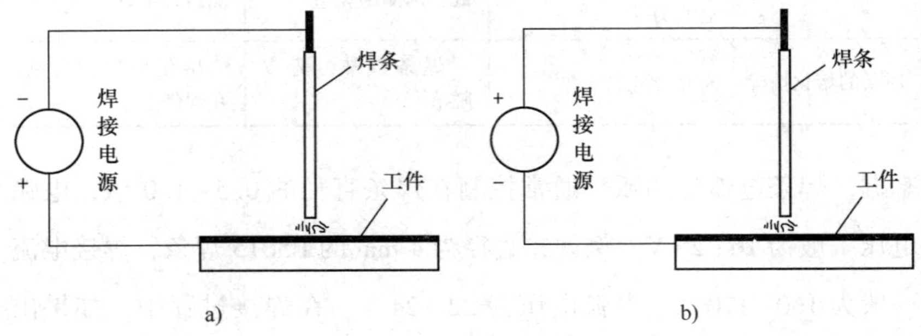

图 3–2　直流正接与反接示意图

a）直流正接　b）直流反接

一般情况下，碱性焊条焊接时，采用直流反接。因为反接时，电弧燃烧稳定，飞溅较小，且声音比较平静、均匀。而直流正接时，情况相反，且容易产生气孔缺欠。

三、焊条电弧焊基本操作

1. 引弧

焊条电弧焊的引弧方法可分为划擦法和直击法两种。划擦法的引弧动作类似划火柴，初学者易于掌握，但容易损坏焊件表面，一般适用于碱性焊条。直击法是将焊条对准引弧处，手腕下弯，将焊条垂直地轻轻敲击工件，然后提起 2~4 mm 的高度引燃电弧。这种方法不易掌握，若操作不当，容易造成焊条粘住焊件。此时，只要将焊条左右扳动几下就可以脱离焊件。如果不能脱离焊件，则应立即使焊钳脱离焊件，待焊条冷却后，用手将其扳掉。如果焊条端部有药皮套筒时，可用戴好手套的手将套筒去掉再引弧。这种引弧法一般适用于酸性焊条或在狭窄地方的焊接。

引弧后引弧区域的金属温度不可能迅速升高，所以起点部分的熔深较浅，焊缝余高较高。为了改善这种现象，可以采用较长的电弧对焊缝的起点处进行必要的预热，然后适当地缩短电弧的长度再转入正常焊接。

2. 运条

在焊接过程中，为了稳定弧长、保持熔池形状、控制焊缝成形，焊条必须要做一定的运动。在焊接过程中，焊条相对于焊件所做的各种运动的总称称为运条。运条包括 3 个基本动作。一是焊条沿自身中心线向熔池的送进运动，用以维持一定的弧长。焊条的送进速度应与焊条熔化的速度相同，否则会产生断弧或焊条与焊件粘连的现象。二是焊条沿焊接方向逐渐前移，以形成一定的焊接速度。三是焊条的横向摆动，以获得一定的焊缝宽度。较薄的工件或厚板底层焊道焊接时，焊条一般不做横向摆动。

通常所说的运条是指焊条的横向摆动。常用的运条方法有直线往复运条法、锯齿形运条法、环形运条法、月牙形运条法、三角形运条法等，它们适用于不同的焊接位置，如图 3-3 所示。

采用何种运条方法，应根据接头的形式、装配间隙、焊接位置、

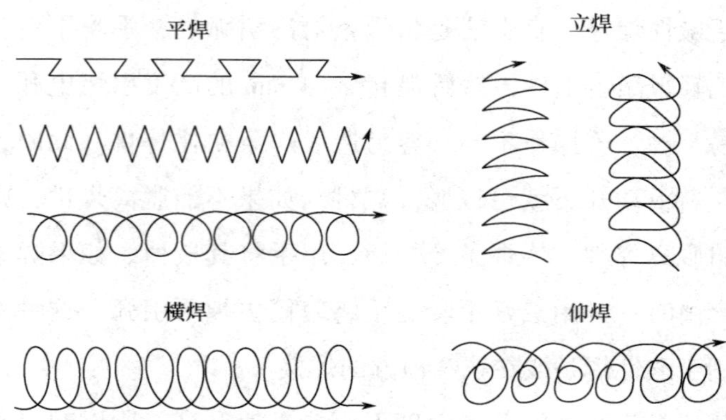

图 3-3 焊条电弧焊常用的运条方法

焊条的型号与直径、焊接电流及焊工的焊接技术水平等多方面因素确定。

3. 收弧

焊接结束收弧时，如果简单地直接提起焊条熄灭电弧，在收尾处往往会形成弧坑。凹陷的弧坑不仅降低收尾处焊接接头的承载能力、产生应力集中，而且容易产生弧坑裂纹和气孔等缺欠。为了防止缺欠的出现，焊接时通常采用以下 3 种方法收弧。

（1）划圈收弧法。收弧时，焊条沿弧坑进行圆周运动，直到熔化的金属填满弧坑后，再熄灭电弧。这种收弧方法适合于厚板焊接的收尾。

（2）反复断弧收尾法。收弧时，快速、反复多次熄灭和引燃电弧，直到熔化的金属填满弧坑后，再熄灭电弧。这种收弧方法适合于薄板和大电流焊接的收尾。低氢型焊条不适用此法，因为易产生气孔。

（3）回焊收弧法。收弧时，焊条向与焊接方向相反的方向回焊一小段后，再拉断电弧。这种方法适合于低氢型碱性焊条的收尾。

4. 长焊缝焊接

一般小于 500 mm 的焊缝称为短焊缝，500～1 000 mm 的焊缝称为中等长度焊缝，大于 1 000 mm 的焊缝称为长焊缝。对于长焊缝，如果采用直通焊接，即从焊缝起点始焊一直焊到终点，焊件的变形将会很大。为了减少焊接的变形，中、长焊缝的焊接可采取对称焊接法、分段退焊法、分中逐步退焊法、跳焊法等。其焊接顺序和操作要点如图 3-4 所示和见表 3-3。

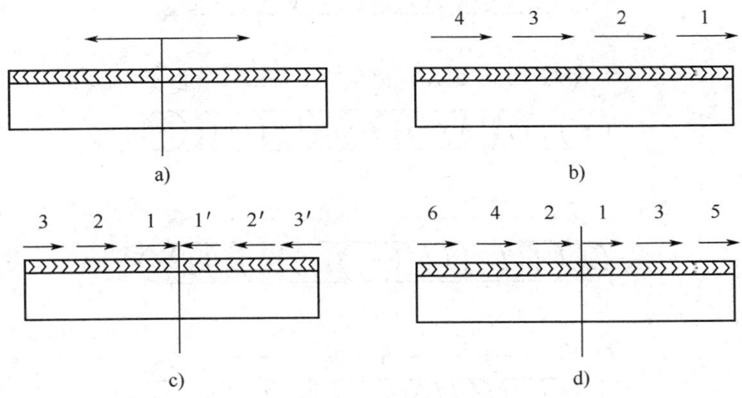

图 3-4　焊接顺序

a）对称焊接法　b）分段退焊法　c）分中逐步退焊法　d）跳焊法

表 3-3　不同长度焊缝的焊接方法

焊缝类别	焊缝长度/mm	适用方法	焊接操作要点
短焊缝	>500	直通焊	从起点一直焊到终点
中等长度焊缝	500～1 000	对称焊接法、分段退焊法	以焊缝中点为始点，交替向两端焊，每段长度最好等于一根焊条的长度
长焊缝	>1 000	分中逐步退焊法、跳焊法	两名焊工对称焊接，每段焊接长度宜为 200～300 mm

5. 焊缝的接头

后焊焊缝与先焊焊缝的连接处称为焊接接头。由于受焊条长度的限制，焊缝前后两段接头是不可避免的，但焊缝接头的应力力求均匀，防止产生过高、脱节、宽窄不一致的缺欠。焊缝的接头有以下4种，如图3-5所示。

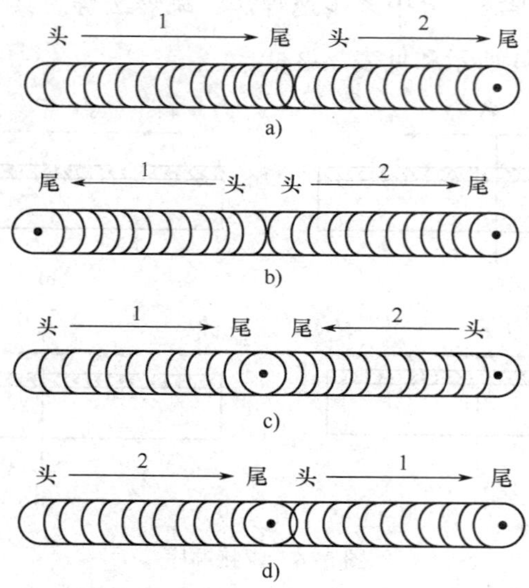

图3-5　焊接接头的4种情况

a）中间接头　b）相背接头　c）相向接头　d）分段退焊接头

1—先焊焊缝　2—后焊焊缝

（1）中间接头。后焊的焊缝从先焊的焊缝尾部开始焊接，如图3-5a所示。要求在弧坑前约10 mm附近引弧，电弧长度比正常焊接时略长些，然后回移到弧坑，压低电弧，稍做摆动，再向前正常焊接。这种接头方法是使用最多的一种，适用于单层焊及多层焊的表层接头。

（2）相背接头。两焊缝起头处相接，如图3-5b所示。要求先焊焊缝起头处略低些，后焊焊缝必须在前条焊缝始端稍前处引弧，然后稍拉长电弧将电弧逐渐引向前条焊缝的始端，并覆盖前条焊缝的端头，待焊平后，再向焊接方向移动。

（3）相向接头。它是两条焊缝的收尾相接，如图3-5c所示。当后焊的焊缝焊到先焊的焊缝收弧处时，焊接速度应稍慢些，填满先焊焊缝的弧坑处后，以较快的速度再向前焊一段，然后熄弧。

（4）分段退焊接头。它是先焊焊缝的起头和后焊焊缝的收尾相接，如图3-5d所示。要求后焊的焊缝焊至靠近前条焊缝始端时，改变焊条角度，使焊条指向前条焊缝的始端，拉长电弧，待形成熔池后，再压低电弧，往回移动，最后返回原来熔池处收弧。

接头连接得平整与否，和焊工操作技术有关，同时还和接头处的温度有关，温度越高，接头处越平整。因此，中间接头要求电弧中断的时间要短，换焊条动作要快。多层焊时，层间接头处要错开，以提高焊缝的致密性。除中间焊缝接头焊接时可不清理焊渣外，其余接头处必须先将接头处的焊渣打掉，否则接不好头，必要时可将接头处先打磨成斜面后再接头。

6. 定位焊

焊前为固定焊件的相对位置进行的焊接操作称为定位焊。定位焊形成的短小而断续的焊缝称为定位焊缝。通常定位焊缝都比较短小，在焊接过程中不用去掉而成为正式焊缝的一部分，定位焊缝质量的好坏将直接影响正式焊缝的质量及焊件的变形。因此，对定位焊必须引起足够的重视。

焊接定位焊缝时必须注意以下几点。

（1）必须按照焊接工艺规定的要求焊接定位焊缝。如采用与焊接工艺规定的相同牌号的焊条，焊接工艺规定焊前预热、焊后缓冷，则定位焊缝也必须焊前预热、焊后缓冷。

（2）定位焊缝必须保证熔合良好，焊道不能太高，起头和收尾处应圆滑过渡、不能太陡，防止焊缝接头时两端焊不透。

（3）定位焊缝的长度、间距见表3–4。

表3–4　定位焊缝长度、间距　mm

焊件厚度	定位焊缝长度	定位焊缝间距
<4	5～10	50～100
4～12	10～20	100～200
>12	≥20	200～300

（4）定位焊缝不能焊在焊缝交叉处或焊缝方向发生急剧变化的地方，通常至少应离开这些地方50 mm才能焊定位焊缝。

（5）为防止焊件在焊接过程中裂开，应尽量避免强制装配，必要时可增加定位焊缝的长度，并减小定位焊缝的间距。

（6）定位焊后必须尽快焊接，避免中途停顿或存放时间过长。

7. 平焊

平焊是在水平面上进行任何方向焊接的一种操作方法。由于焊缝处在水平位置，熔滴主要靠自重过渡，操作技术比较容易掌握，可以选用较大直径焊条和较大的焊接电流，生产效率高，因此在生产中应用比较普遍。如果焊接参数选择不当和操作不当，打底焊时容易造成根部焊瘤或未焊透，也容易出现熔渣与熔化金属混杂不清或熔渣超前而引起的夹渣。

平焊分为对接接头平焊、T 形接头平焊和搭接接头平焊。

（1）对接平焊。推荐对接平焊的焊接参数见表 3-5。

表 3-5　　推荐对接平焊的焊接参数

焊缝横断面形式	焊件厚度/mm	第一层焊缝		其他各层焊缝		盖面焊缝	
		焊条直径/mm	焊接电流/A	焊条直径/mm	焊接电流/A	焊条直径/mm	焊接电流/A
	2	2	50~60	—	—	2	55~60
	2.5~3.5	3.2	80~110	—	—	3.2	85~120
	4~5	3.2	90~130	—	—	3.2	100~130
		4	160~200	—	—	4	160~210
		5	200~260	—	—	5	220~260
	5~6	4	160~200	—	—	3.2	100~130
						4	180~210
	>6	4	160~200	4	160~210	4	180~210
				5	220~280	5	220~260
	≥12	4	160~210	4	160~210	—	—
				5	220~280	—	—

1）I 形坡口对接平焊。当板厚小于 5 mm 时，一般采用 I 形坡口对接平焊。采用双面双道焊，焊条直径 3.2 mm。焊接正面焊缝时，采用短弧焊，熔深为焊件厚度的 2/3，焊缝宽度 5~8 mm，余高应小于 1.5 mm，如图 3-6a 所示。焊接反面焊缝时，除重要结构外，不必清根，但要将正面焊缝背部的熔渣清除干净，然后再焊接，焊接电流可大些。I 形坡口焊条角度如图 3-6b 所示。

2）V 形坡口对接平焊。当板厚超过 5 mm 时，由于电弧的热量较难深入到 I 形坡口根部，必须开单 V 形坡口或双 V 形坡口，可采

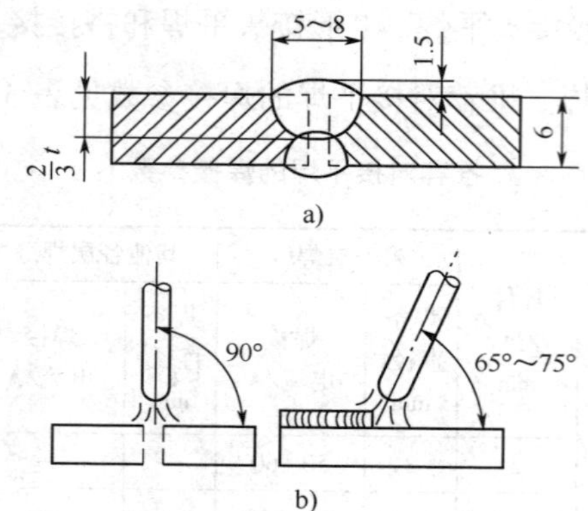

图 3-6　对接平焊示意图

a）I 形坡口对接接头　b）对接平焊的焊条角度

用多层焊或多层多道焊，如图 3-7a、b 所示。

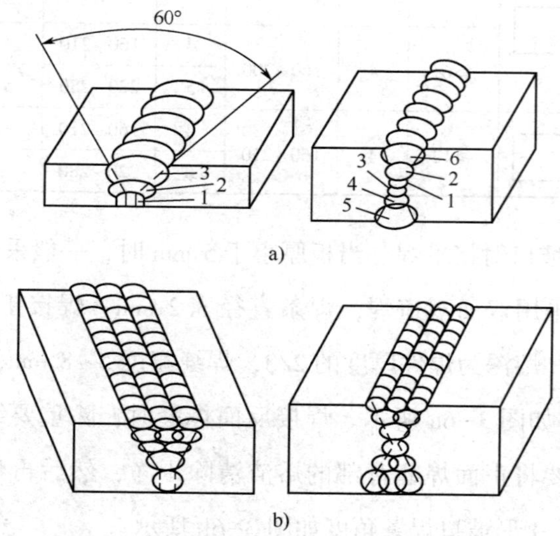

图 3-7　V 形坡口对接平焊示意图

a）多层焊　b）多层多道焊

多层焊时，第一层应选用较小直径的焊条，运条方法应根据焊条直径与坡口间隙而定，可采用直线运条法或锯齿形运条法，要注意边缘熔合的情况并避免焊件焊穿。以后各层焊接时，应将前一层焊渣清除干净，然后选用直径较大的焊条和较大的焊接电流进行施焊。可采用锯齿形运条法，并应用短弧焊接。但每层不宜过厚，应注意在坡口两边稍停留，为防止产生熔合不良及夹渣等缺欠，每层的焊缝接头须互相错开。

多层多道焊的焊接方法与多层焊接相似，焊接时，初学者特别注意清除熔渣，以避免产生夹渣、未熔合等缺欠。

（2）T 形接头平角焊。推荐 T 形接头平角焊的焊接参数见表 3-6。

表 3-6　　推荐 T 形接头平角焊的焊接参数

<table>
<tr><th rowspan="2">焊缝横断面形式</th><th rowspan="2">焊件厚度或焊脚尺寸/mm</th><th colspan="2">第一层焊缝</th><th colspan="2">其他各层焊缝</th><th colspan="2">盖面焊缝</th></tr>
<tr><th>焊条直径/mm</th><th>焊接电流/A</th><th>焊条直径/mm</th><th>焊接电流/A</th><th>焊条直径/mm</th><th>焊接电流/A</th></tr>
<tr><td rowspan="8"> 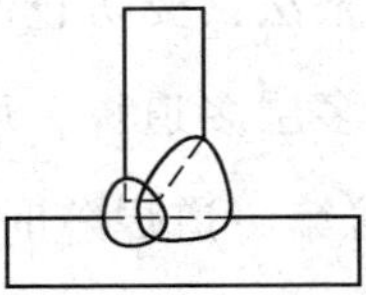</td><td>2</td><td>2</td><td>55~65</td><td>—</td><td>—</td><td>—</td><td>—</td></tr>
<tr><td>3</td><td>3. 2</td><td>100~120</td><td>—</td><td>—</td><td>—</td><td>—</td></tr>
<tr><td rowspan="2">4</td><td>3. 2</td><td>100~120</td><td rowspan="2">—</td><td rowspan="2">—</td><td rowspan="2">—</td><td rowspan="2">—</td></tr>
<tr><td>4</td><td>160~200</td></tr>
<tr><td rowspan="2">5~6</td><td>4</td><td>160~200</td><td rowspan="2">—</td><td rowspan="2">—</td><td rowspan="2">—</td><td rowspan="2">—</td></tr>
<tr><td>5</td><td>220~280</td></tr>
<tr><td rowspan="4">≥7</td><td>4</td><td>160~200</td><td rowspan="2">5</td><td rowspan="2">220~280</td><td rowspan="2">—</td><td rowspan="2">—</td></tr>
<tr><td>5</td><td>220~280</td></tr>
<tr><td rowspan="2"> 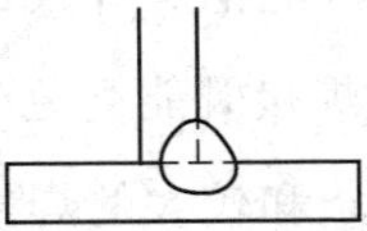</td><td rowspan="2">4</td><td rowspan="2">160~200</td><td>4</td><td>160~200</td><td rowspan="2">4</td><td rowspan="2">160~200</td></tr>
<tr><td>5</td><td>220~280</td></tr>
</table>

T形接头平角焊时，容易产生未焊透、焊偏、咬边及夹渣等缺欠，特别是立板容易咬边。为防止上述缺欠，焊接时除正确选择焊接参数外，还必须根据两板厚度调整焊条角度，电弧应偏向厚板一边，让两板受热温度均匀一致，焊条角度如图3-8所示。

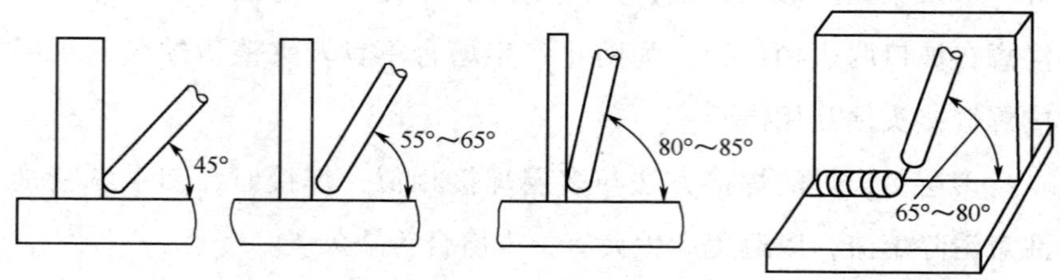

图3-8　T形接头平角焊时的焊条角度

当焊脚小于6 mm时，可用单层焊，选用直径4 mm焊条，采用直线形或斜圆形运条方法，焊接时采用短弧，防止产生焊偏及垂直板上咬边。焊脚在6~10 mm时，可用两层两道焊。焊第一层时，选用直径3.2~4 mm焊条，采用直线形运条法，必须将顶角焊透；以后各层可选用直径4~5 mm的焊条，采用斜圆形运条法，要防止产生焊偏及咬边等缺欠。当焊脚大于10 mm时，采用多层多道焊，可选用直径5 mm的焊条，这样可提高生产率。在焊接第一道焊缝时，应选用较大的电流，以得到较大的熔深；焊接第二道焊缝时，由于焊件温度升高，可选用较小的电流和较快的焊接速度，以防止垂直板产生咬边。在实际生产中，当焊件能翻动时，尽可能把焊件放成平角焊位置进行焊接，如图3-9a所示。平角焊位置焊接既能避免产生咬边等缺欠，焊缝平整美观，又能使用大直径焊条和较大的焊接电流并便于操作，从而提高生产率。

（3）搭接平角焊。搭接平角焊时，主要的困难是上板边缘易受电弧高温熔化而产生咬边，同时也容易产生焊偏，因此必须掌握好焊条角度和运条方法。焊条与下板表面的角度应随下板的厚度增大而增大，如图 3-9b 所示。搭接平角焊根据厚度不同也分为单层焊、多层焊和多层多道焊，选择方法基本上与 T 形接头平角焊相似。

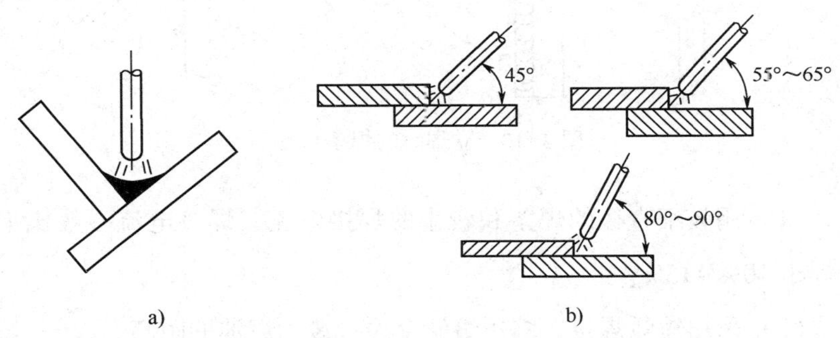

图 3-9　平角焊及搭接平角焊焊条角度

a）平角焊　b）搭接平角焊

8. 立焊

立焊是在垂直方向上进行焊接的一种操作方法。由于在重力的作用下，焊条熔化所形成的熔滴及熔池中的熔化金属要下淌，造成焊缝成形困难，质量受到影响。因此，立焊时选用的焊条直径和焊接电流均应小于平角焊并采用短弧焊接。

立焊有两种操作方法。一种是由下向上施焊，是目前生产中常用的一种方法，称为立向上焊或简称为立焊；另一种是由上向下施焊，这种方法要求采用专用的立向下焊焊条才能保证焊缝质量。由下向上焊接可采取以下措施：

一是在对接时，焊条应与基体金属垂直，同时与施焊前进方向向下倾斜成 60°~80° 的夹角。在角接立焊时，焊条与两板之间各为 45°，向下倾斜 10°~30°，如图 3-10 所示。

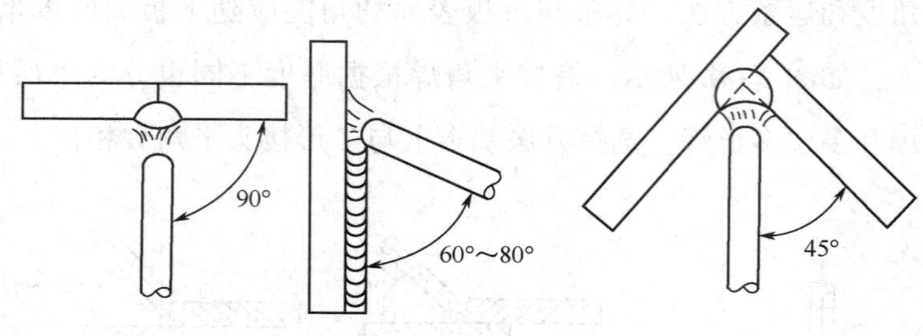

图 3-10　立焊时的焊条角度

（1）用较细直径的焊条和较小的焊接电流，焊接电流一般比平角焊小 10%~15%。

（2）采用短弧焊接，缩短熔滴金属过渡到熔池的距离。

（3）根据焊件接头形式的特点，选用合适的运条方法。

（4）对接接头立焊。推荐对接接头立焊的焊接参数见表 3-7。

表 3-7　　推荐对接接头立焊的焊接参数

坡口及焊缝横断面形式	焊件厚度或焊脚尺寸/mm	第一层焊缝		其他层焊缝		盖面焊缝	
		焊条直径/mm	焊接电流/A	焊条直径/mm	焊接电流/A	焊条直径/mm	焊接电流/A
	2	2	45~55	—	—	2	50~55
	2. 5~4	3. 2	75~100	—	—	3. 2	80~110
	5~6	3. 2	80~120	—	—	3. 2	90~120
	7~10	3. 2	90~120	4	120~160	3. 2	90~120
		4	120~160				
	≥11	3. 2	90~120	4	120~160	3. 2	90~120
		4	120~160	5	160~200		

续表

坡口及焊缝横断面形式	焊件厚度或焊脚尺寸/mm	第一层焊缝		其他层焊缝		盖面焊缝	
		焊条直径/mm	焊接电流/A	焊条直径/mm	焊接电流/A	焊条直径/mm	焊接电流/A
	12～18	3. 2	90～120	4	120～160	—	—
		4	120～160				
	≥19	3. 2	90～120	4	120～160	—	—
		4	120～160	5	160～200		

1）I 形坡口的对接立焊。这种接头常用于薄板的焊接，焊接时容易产生焊穿、咬边、金属熔滴流失等缺欠，给焊接带来很大困难。一般选用跳弧法施焊，电弧离开熔池的距离尽可能短些，跳弧的最大弧长应不大于 6 mm。在实际操作中，应尽量避免采用单纯的跳弧焊法，有时由于焊条的性能及焊缝的条件关系，可采用其他方法与跳弧法配合使用，如图 3-11a、b、c 所示。

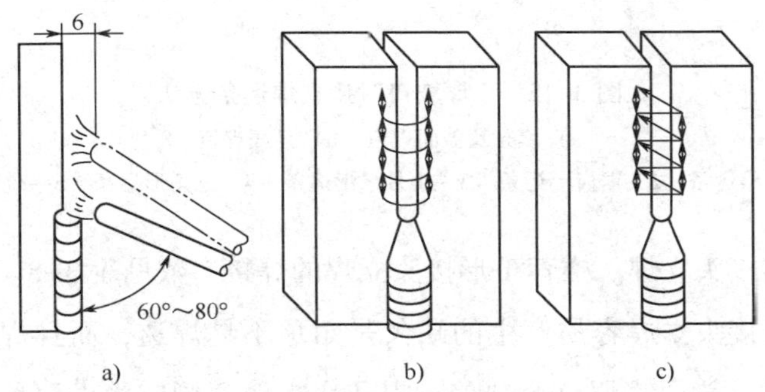

图 3-11 I 形坡口对接立焊时各种运条方法

a）直线形跳弧法 b）月牙形跳弧法 c）锯齿形跳弧法

2）V 形或 U 形坡口的对接立焊。对接立焊的坡口也有 V 形和 U

形等形式。如果采用多层焊时，层数则由焊件厚度来决定，每层焊缝的成形都应注意。打底焊时应选用直径较小的焊条和较小的焊接电流，对厚板采用三角形运条法，对中厚板或较薄板可采用小月牙形或锯齿形跳弧运条法，各层焊缝都应及时清理焊渣，并检查焊接质量。表层焊缝运条方法按所需焊缝高度的不同来选择，运条的速度必须均匀，在焊缝的两侧稍做停留，这样有利于熔滴的过渡，防止产生咬边等缺欠。V形坡口对接立焊常用的各种运条方法如图3-12所示。

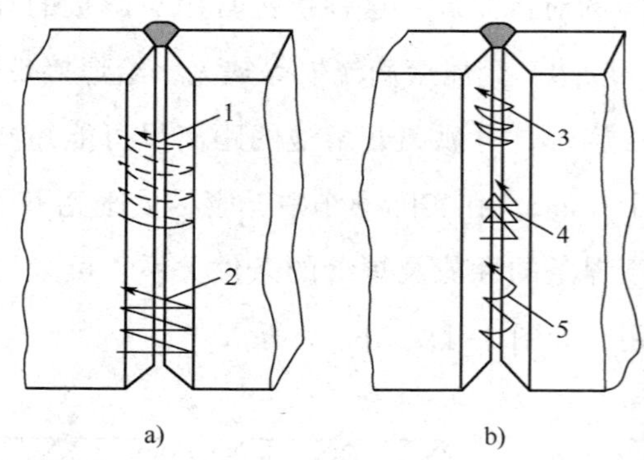

图3-12　V形坡口对接立焊运条方法

a）填充及盖面焊道　b）打底焊道

1—月牙形运条　2—锯齿形运条　3—小月牙形运条　4—三角形运条　5—跳弧运条

T形接头立焊。推荐T形接头立焊的焊接参数见表3-8。

T形接头立焊容易产生的缺欠是角顶不易焊透，而且焊缝两边容易咬边。为了克服这个缺欠，焊条在焊缝两侧应稍做停留，电弧的长度应尽可能地缩短，焊条摆动幅度应不大于焊缝宽度。为获得质量良好的焊缝，要根据焊缝的具体情况，选择合适的运条方法。常用的运条方法有跳弧法、三角形运条法、锯齿形运条法和月牙形运条法等，如图 3-13 所示。

表 3-8　　　　推荐 T 形接头立焊的焊接参数

焊缝横断面形式	焊件厚度或焊脚尺寸/mm	第一层焊缝		其他各层焊缝		盖面焊缝	
		焊条直径/mm	焊接电流/A	焊条直径/mm	焊接电流/A	焊条直径/mm	焊接电流/A
	2	2	50~60	—	—	—	—
	3~4	3. 2	90~120	—	—	—	—
	5~8	3. 2	90~120	—	—	—	—
		4	120~160				
	9~12	3. 2	90~120	4	120~160	—	—
		4	120~160				
	—	3. 2	90~120	4	120~160	3. 2	90~120
		4	120~160				

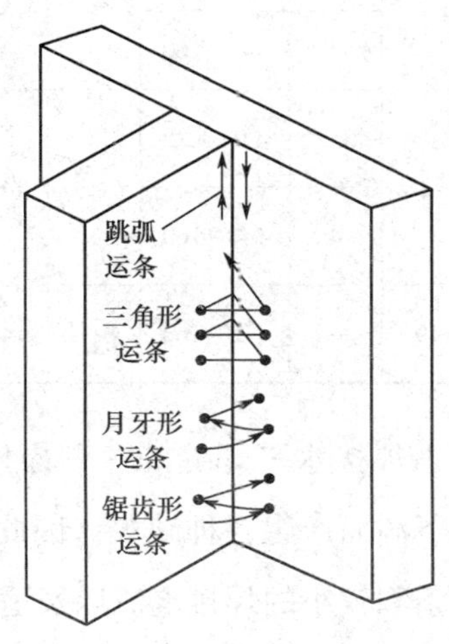

图 3-13　T 形接头立焊的运条方法

9. 横焊

推荐对接横焊的焊接参数见表 3-9。

表 3-9　　　　推荐对接横焊的焊接参数

焊缝横断面形式	焊件厚度或焊脚尺寸/mm	第一层焊缝		其他各层焊缝		盖面焊缝	
		焊条直径/mm	焊接电流/A	焊条直径/mm	焊接电流/A	焊条直径/mm	焊接电流/A
	2	2	45~55	—	—	2	50~55
	2.5	3.2	75~110	—	—	3.2	80~110
	3~4	3.2	80~120	—	—	3.2	90~120
		4	120~160	—	—	4	120~160
	5~6	3.2	80~120	3.2	90~120	3.2	90~120
				4	120~160	4	120~160
	≥9	3.2	90~120	4	140~160	3.2	90~120
		4	140~160			4	120~160
	14~18	3.2	90~120	4	140~160	—	—
		4	140~160				
	≥19	—	140~160	—	140~160	—	—

横焊是在垂直面上焊接水平焊缝的一种操作方法。由于熔化金属受重力作用，容易下淌而产生各种缺欠。因此，应采用短弧焊接，并选用较小直径的焊条和较小的焊接电流以及适当的运条方法。

（1）I 形坡口对接横焊。板厚为 3~5 mm 时，可采用 I 形坡口的对接双面焊。正面焊接时选用直径 3. 2 mm 或 4 mm 焊条，施焊时的角度如图 3–14 所示。焊件较薄时，可用直线往返运条焊接，让熔池中的熔化金属有机会凝固，可以防止烧穿。焊件较厚时，可采用短弧直线形或小斜圆形运条方法焊接，便可得到合适的熔深。焊接速度应稍快些，力求做到均匀，避免焊条的熔化金属过多地聚集在某一点上形成焊瘤和焊缝上部咬边等缺欠。打底焊时，宜选用细焊条，一般选用 3. 2 mm 的焊条，电流稍大些，用直线运条法焊接。

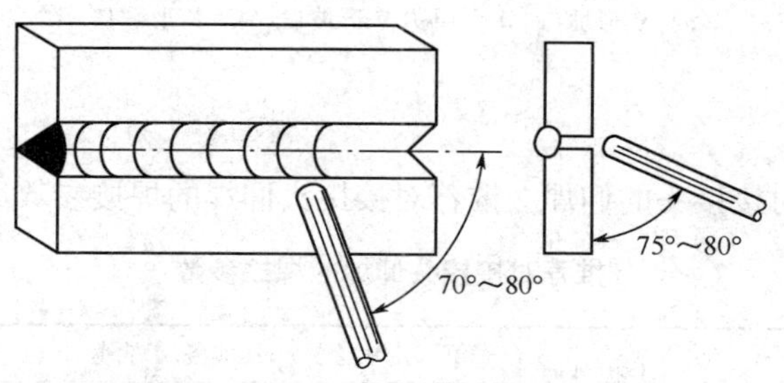

图 3–14　I 形坡口对接横焊时焊条角度

（2）V 形或 K 形坡口的对接横焊。横焊的坡口为 V 形或 K 形，其坡口的特点是下板不开或下板所开坡口角度小于上板所开坡口角度，如图 3–15 所示，这样有利于焊缝成形。

10. 仰焊

仰焊时，焊缝位于焊接电弧的上方。焊工在仰视位置进行焊接劳动强度大，是最难的一种焊接方法。由于仰焊时熔化金属在重力的作用下，较易下淌，熔池形状和大小不易控制，容易出现夹渣、未焊透和凹陷缺欠，运条困难，表面不易焊得平整。仰焊时，必须正确选用焊条直径和适当的焊接电流，以减少熔池的面积，尽量维持最短的电弧，有利于熔滴在很短的时间内过渡到熔池中去，促使

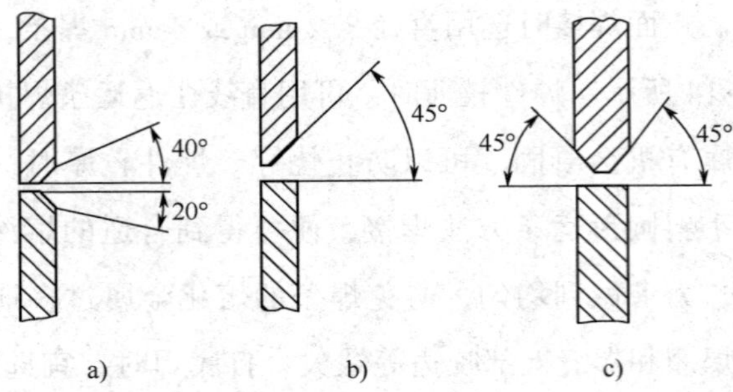

图 3-15　横焊时对接接头的坡口形式

a）V 形坡口　b）单边 V 形坡口　c）K 形坡口

焊缝成形。

（1）对接接头的仰焊。推荐对接接头仰焊的焊接参数见表 3-10。

表 3-10　　推荐对接接头仰焊的焊接参数

焊缝横断面形式	焊件厚度或焊脚尺寸/mm	第一层焊缝		其他各层焊缝		盖面焊缝	
		焊条直径/mm	焊接电流/A	焊条直径/mm	焊接电流/A	焊条直径/mm	焊接电流/A
	2	—	—	—	—	2	40~60
	2. 5	—	—	—	—	3. 2	80~110
	3. 5	—	—	—	—	3. 2	85~110
						4	120~160
	5~8	3. 2	90~120	3. 2	90~120	—	—
				4	140~160		
	≥9	3. 2	90~120	4	140~160	—	—
		4	140~160				
	12~18	3. 2	90~120	4	140~160	—	—
		4	140~160				
	≥19	4	140~160	4	140~160	—	—

1）I 形坡口对接仰焊。当焊件的厚度小于 5 mm 时，采用 I 形坡口的对接仰焊。应选用直径为 3.2 mm 的焊条，焊条施焊角度如图 3-16 所示。接头间隙小时可用直线形运条法，接头间隙稍大时可用直线往返形运条法进行焊接。焊接电流选择应适中，若焊接电流太小，电弧不稳，会影响熔深和焊缝成形；若焊接电流太大则会导致熔化金属淌落和焊穿等。

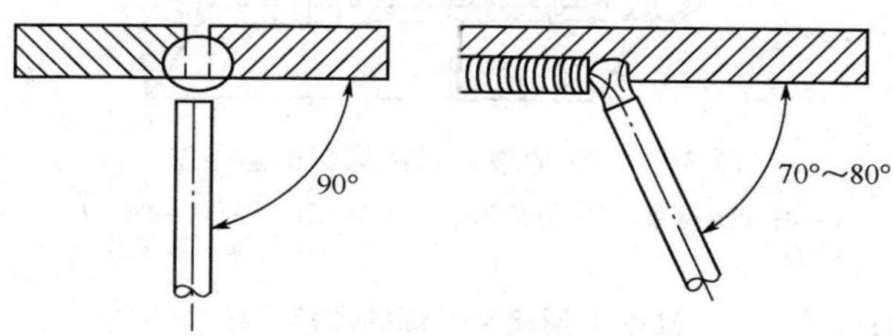

图 3-16　I 形坡口的对接仰焊

2）V 形坡口对接仰焊。当焊件的厚度大于 5 mm 时，采用开 V 形坡口的对接仰焊，常用多层焊或多层多道焊。焊接第一层焊缝时，可采用直线形、直线往返形、锯齿形运条法，要求焊缝表面平直，不能向下凸出；在焊接第二层以后的焊缝采用锯齿形或月牙形运条法，如图 3-17 所示。不论采用哪种运条方法焊成的焊道均不宜过厚。焊条的角度应根据每一焊道的位置作相应的调整，以有利于熔滴金属的过渡和获得较好的焊缝成形。

（2）T 形接头的仰焊。推荐 T 形接头的焊接参数见表 3-11。

T 形接头的仰焊比对接接头的仰焊容易操作，通常采用多层焊或多层多道焊。当焊脚尺寸小于 8 mm 时，宜用单层焊，若焊脚尺寸大于 8 mm，宜采用多层多道焊。焊条的角度和运条方法如

图 3-18 所示。焊接第一层时采用直线运条法，以后各层可采用斜圆圈形或斜三角形运条法。若技术熟练，可使用稍大直径的焊条和焊接电流。

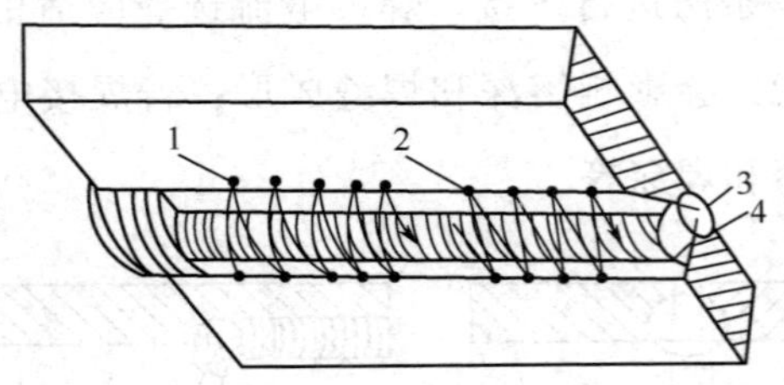

图 3-17　V 形坡口对接仰焊的运条法

1—月牙形运条　2—锯齿形运条　3—第一层　4—第二层

表 3-11　　推荐 T 形接头仰焊的焊接参数

焊缝横断面形式	焊件厚度或焊脚尺寸/mm	第一层焊缝		其他各层焊缝		盖面焊缝	
		焊条直径/mm	焊接电流/A	焊条直径/mm	焊接电流/A	焊条直径/mm	焊接电流/A
	2	2	50~60	—	—	—	—
	3~4	3.2	90~120	—	—	—	—
	5~6	4	120~160	—	—	—	—
	≥7	4	140~160	4	140~160	—	—
	—	3.2	90~120	4	140~160	3.2	90~120
		4	140~160			4	140~160

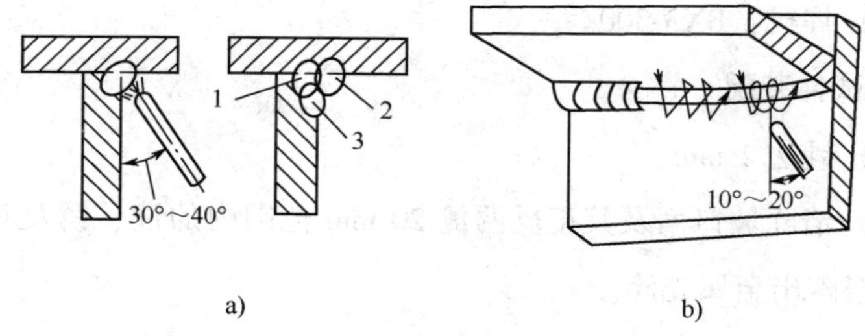

图 3-18　T 形接头仰焊的运条方法及焊道排列顺序

a）用直线形运条　b）斜圆圈形或斜三角形运条

四、焊条电弧焊操作实例

实例 1　板—板对接，开 V 形坡口，立焊，单面焊双面成形

1. 试件尺寸及要求

（1）试件材料牌号：Q235A。

（2）试件及坡口尺寸如图 3-19 所示。

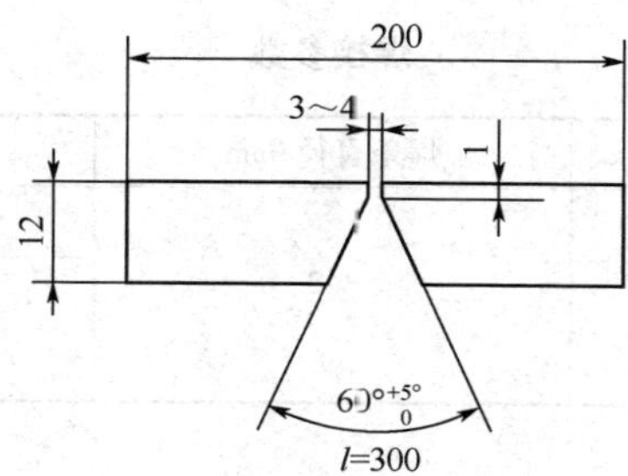

图 3-19　试件及坡口尺寸

（3）焊接位置：立焊。

（4）焊接要求：单面焊双面成形。

（5）焊接材料：E4303，150～200 ℃烘干，保温 1～2 h。

（6）焊机：BX3-300。

2. 试件装配

（1）钝边1 mm。

（2）清除坡口面及其正反两侧20 mm范围内的油、锈及其他污物，直至露出金属光泽。

（3）装配

1）装配间隙。始端为3 mm，终端为4 mm。

2）定位焊。采用与焊接试件相同牌号的焊条，在试件坡口内两端进行定位焊，定位焊缝长度为10~15 mm，将定位焊缝接头端打磨成斜坡。

3）预置反变形量3°~4°。

4）错边量≤1.2 mm。

3. 焊接参数

焊接参数见表3-12。

表3-12　　焊接参数

焊接层次	焊条直径/mm	焊接电流/A
打底焊（1）	3.2	100~110
填充焊（2、3）		110~120
盖面焊（4）		100~110

4. 操作要点及注意事项

采用立向上焊接，始焊端在下方。

（1）打底焊。打底层焊接可以采用连弧法，也可采用断弧法，本实例为断弧法。断弧法焊接时焊条应保持在间隙坡口钝边处。

1）引弧。在定位焊端头引弧后，可采取稍长电弧对母材预热，然后直线运条至定位焊交界处，将电弧压低，击穿坡口，使被熔化的母材与熔滴连在一起形成熔池，此时应迅速灭弧，使熔滴温度迅速降低，然后再次迅速引弧，形成下一个熔池。下一个熔池通常应压在第一个开始凝固的熔池1/2~1/3处，这样反复灭弧、引弧，便可得到整条焊缝。

操作可采用直线断弧法，即一次击穿法。间隙大时，每一个熔池与前一个熔池搭接可多重叠一些，间隙小时，重叠可少一些。

断弧操作要领一看、二听、三准。

看：观察熔池形状和熔孔大小，并基本保持一致。熔池形状应为椭圆形，熔池前端始终应有一个深入母材两侧0.5~1 mm的熔孔。当熔孔过大时，应减小焊条与试板的下倾角，让电弧多压住熔池，少在坡口上停留。当熔孔过小时，应压低电弧，增大焊条与试件的下倾角度。

听：注意听电弧击穿坡口根部发出的“噗噗”声，如果没有这种声音就是没焊透。一般保持焊条端部离坡口根部1.5~2 mm为宜。

准：施焊时，熔孔的端点位置要准确把握，焊条的中心要对准熔池前端与母材的交界处，使每一个熔池与前一个熔池搭接2/3左右，保持电弧的1/3部分在试件背面燃烧，以加热和击穿坡口根部。

2）收弧。打底焊需要更换焊条而停弧时，先在熔池上方做一个熔孔，然后回焊10~15 mm再熄弧，并使其形成斜坡形。

3）接头可分为热接和冷接两种方法。

热接。当弧坑还处在红热状态时，在弧坑下方10~15 mm处的斜坡上引弧，并焊至收弧处，使弧坑根部温度逐步升高，然后将焊条沿着预先做好的熔孔向坡口根部顶一下，使焊条与试件的下倾角增大到90°左右，听到“噗噗”声后，稍做停顿，恢复正常焊接。停顿时间一定要适当，若过长，易使背面产生焊瘤；若过短，则不易接上接头，此外，换焊条的动作越快越好。

冷接。当弧坑已经冷却，用砂轮或扁铲在已焊的焊道收弧处，打磨一个10~15 mm的斜坡，在斜坡上引弧并预热，使弧坑根部温度逐步升高。当焊至斜坡最低处时，将焊条沿预先做好的熔孔向坡口根部顶一下，听到“噗噗”声后，稍做停顿并提起焊条进行正常焊接。

4）打底层焊缝厚度。坡口背面的高度1.5~2 mm，正面厚度为2~3 mm。

（2）填充焊

1）应对打底焊道仔细清渣，特别注意死角处的熔渣清理。

2）在距焊缝始端10 mm左右处引弧后，将电弧拉回到始焊端施焊。每次都应按此法操作，以防产生缺欠。

3）采用月牙形或横向锯齿形运条法。

4）焊条与试板的下倾角为70°~80°。

5）焊条摆动到两侧坡口处要稍做停顿，以利熔化及排渣，防止立焊缝两边产生死角。

6）最后一层填充焊层厚度应比母材表面低1~1.5 mm，且应呈凹形，不得熔化坡口棱边，以利于盖面层保持平直。

（3）盖面焊

1）引弧与填充焊方法相同。

2）采用月牙形或横向锯齿形运条法。

3）焊条与试件的下倾角为70°~75°。

4）焊条摆动到坡口边缘时，要稍做停留，保持熔宽 1~2 mm。

5）焊条的摆动频率应比平缝稍快些，前进速度要均匀一致，使每个新熔池覆盖前一个熔池的 2/3~3/4。

6）接头：换焊条前收弧时，应对熔池填些铁水，迅速更换焊条后，再在弧坑上方 10 mm 左右的填充层焊缝金属上引弧，将电弧拉至原弧坑填满弧坑后，继续施焊。

实例 2　管—板对接，水平固定位置焊，单面焊双面成形

1. 试件尺寸及要求

（1）试件材料牌号：20 钢。

（2）试件及坡口尺寸如图 3-20 所示。

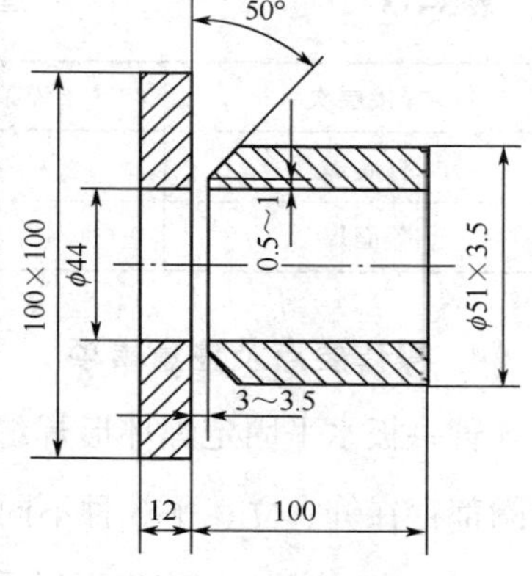

图 3-20　试件及坡口尺寸

（3）焊接位置：水平固定。

（4）焊接要求：单面焊双面成形，焊脚 $K=S+(3\sim6)$。

（5）焊接材料：E4303，150~200 ℃烘干，保温 1~2 h。

（6）焊机：BX3-300。

2. 试件装配

（1）钝边 0. 5~1 mm。

（2）清除坡口范围内及两侧 20 mm 的油、锈及其他污物，直至露出金属光泽。

（3）装配

1）装配间隙 3~3. 5 mm。

2）定位焊。采用与焊接试件相同牌号焊条进行定位焊，定位焊位置在时钟3点与9点，定位焊缝长度10 mm左右，厚度为2～3 mm，并保证焊透和无缺欠，其两端应预先打磨或铣削成斜坡，以便接头。

3）试件装配错边量≤0.35 mm。

4）管子应与管板相垂直。

3. 焊接参数

焊接参数见表3-13。

表3-13　　　　焊接参数

焊接层次	焊条直径/mm	焊接电流/A
打底焊	2.5	85～90
盖面焊	3.2	110～120

4. 操作要点及注意事项

管—板水平固定焊环形焊缝，施焊时分两个半圈，各两层，每半圈都存在仰、立、平3种不同位置的焊接。

（1）打底焊。打底焊可以采用连弧焊法，也可采用断弧焊法。

1）在仰焊6点钟位置前5～10 mm处的坡口内引弧，焊条在坡口根部管与板之间做微小横向摆动，当母材熔化金属与焊条熔滴连在一起后，第一个熔池形成，然后进行正常手法的焊接。

2）连弧焊采用月牙形或锯齿形运条法。

3）因管与板厚度差较大，焊接电弧应偏向孔板，使管、板温度均匀，并保证板孔边缘熔化良好。一般焊条与孔板的夹角为15°～20°，与焊接前进方向的夹角随着焊接位置的不同而改变。

4）当采用断弧焊时，灭弧动作要快，不要拉长电弧，同时灭孤与接弧时间间隔要短，断弧频率为 40~50 次/min。每次重新引燃电弧时，焊条中心要对准熔池前沿焊接方向的 2/3 处，每接弧一次，焊缝增长 2 mm 左右。

5）焊接时，电弧在管和板上要稍做停留，并在板侧的停留时间要长些。焊接过程中，要使熔池的形状和大小基本保持一致，使熔池中的铁水清晰明亮，熔孔始终深入每侧母材 0.5~1 mm。同时应始终伴有电弧击穿根部所发出的“噗噗”声，以保证根部焊透。

6）与定位焊缝接头：当运条到定位焊缝根部时，焊条要向管内压一下，听到“噗噗”声后，连弧快速运条到定位焊缝另一端，再次将焊条向下压一下，听到“噗噗”声后稍做停留，恢复原来的操作手法。

7）收弧时，将焊条逐渐引向坡口斜前方，或将电弧往回拉一小段，再慢慢提高电弧，使熔池逐渐变小，填满弧坑后熄孤。

8）更换焊条时接头

热接：当弧坑尚保持红热状态，迅速更换焊条后，在熔孔下面 10 mm 处引孤，然后将电弧拉到熔孔处，焊条向里推一下，听到“噗噗”声后，稍做停顿，恢复原来的手法焊接。

冷接：当熔池冷却后，必须将收弧处打磨出斜坡方向接头。更换焊条后在打磨处附近引弧，运条到打磨斜坡根部时，焊条向里推一下，听到“噗噗”声后，稍做停留，恢复原来的手法焊接。

9）后半圈的焊接方法与前半圈基本相同，但需在仰焊接头和平焊接头处多加注意。一般在上、下两接头处，均打磨出斜坡，引弧后在斜坡后端起焊，运条到斜坡根部时，焊条向上顶，听到“噗噗”

声后，稍做停顿，再进行正常手法焊接。当焊缝即将封闭收口时，焊条向下压一下，听到“噗噗”声后，稍做停留，然后继续向前焊接 10 mm 左右，填满弧坑，收弧。

10）打底焊道应尽量平整，并保证坡口边缘清晰，以便盖面焊。

（2）盖面焊

1）清除打底焊道熔渣，特别是死角处。

2）盖面焊可采用连弧法或断弧法施焊。

3）连弧焊时，采用月牙形横拉短弧施焊。在仰焊部位前 10 mm 左右焊趾处引弧，并使熔池呈椭圆形，上、下轮廓线基本处于水平位置，焊条摆动到管与板侧时要稍做停留，并且在板侧停留的时间要长些，以避免咬边。焊条与孔板的夹角从仰焊部位的 45°逐渐过渡到平焊部位的 60°左右，焊接前进方向夹角随焊接位置不同而改变。焊缝收口时要填满弧坑，收弧。

4）断弧焊时，在仰焊部位前 10 mm 左右的第一道焊缝上引弧，将铁水从管侧带到板上，向右推铁液，形成第一个浅的熔池，以后都是从管向板做斜圆圈运条，电弧在板侧上停留时间稍长些。当焊至上坡焊时，电弧从钢板向管侧做斜圆圈形运条。焊缝收口时，要和前半圈收弧焊道吻合好，并填满弧坑后收弧。

实例 3　管—管对接，垂直固定位置焊，单面焊双面成形

1. 试件尺寸及要求

（1）试件材料：20 钢。

（2）试件及坡口尺寸：108 mm×200 mm×8 mm，如图 3－21 所示。

（3）焊接位置：垂直固定。

（4）焊接要求：单面焊双面成形。

（5）焊接材料：E4303，150~200 ℃烘干，保温 1~2 h。

（6）焊机：BX3-300。

2. 试件装配

（1）装配间隙为 3. 0 mm。

（2）定位焊相对位置如图 3-22 所示。

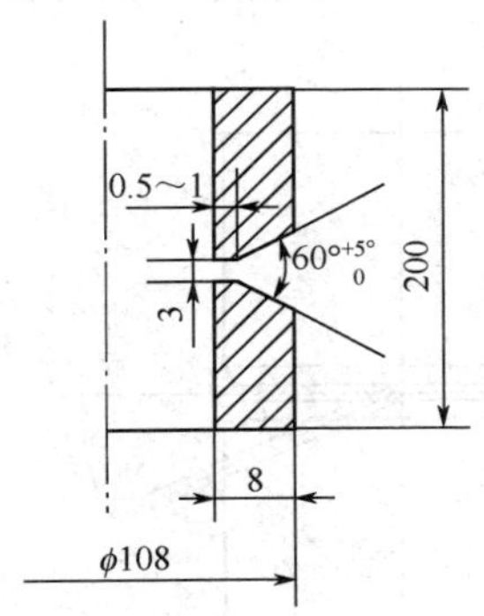

图 3-21　垂直固定管焊接试件及坡口尺寸

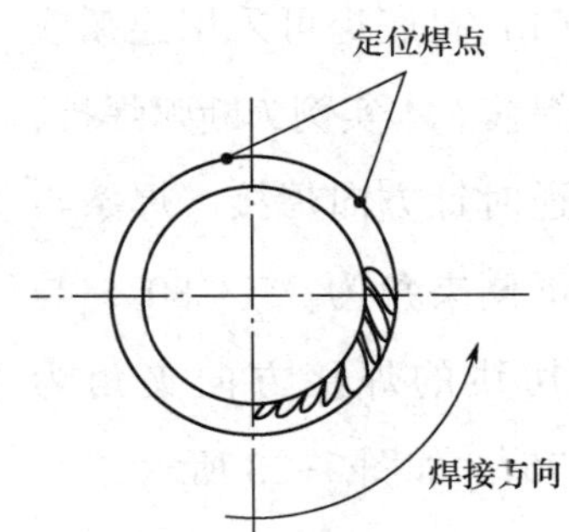

图 3-22　管子垂直固定定位焊位置

采用与焊接试件相应型号焊条进行定位焊，并在试件坡口内进行定位焊，定位焊缝长度为 10~15 mm，厚度为 3~4 mm，必须焊透且无缺欠。其两端应预先打磨成斜坡，以便接头。

（3）错边量≤0. 8 mm。

3. 焊接参数

焊接参数见表 3-14。

表 3-14　　垂直固定管焊接参数

焊接层次	焊条直径/mm	焊接电流/A
打底焊（第一层）	2.5	80~85
填充焊（第二层）	3.2	110~120
盖面焊（第三层）	3.2	110~120

4. 操作要点及注意事项

本实例采用三层六道焊接。垂直固定管焊接操作技术基本和板状对接横焊相同，不同之处是管子有弧度，焊条要随时变换角度。

（1）打底焊可采用连弧或断弧焊接。本实例为断弧焊接，采用逆时针方向焊接。焊条与试件下侧夹角为 75°~80°，与管子切线的焊接方向夹角为70°~75°，如图 3-23 所示。

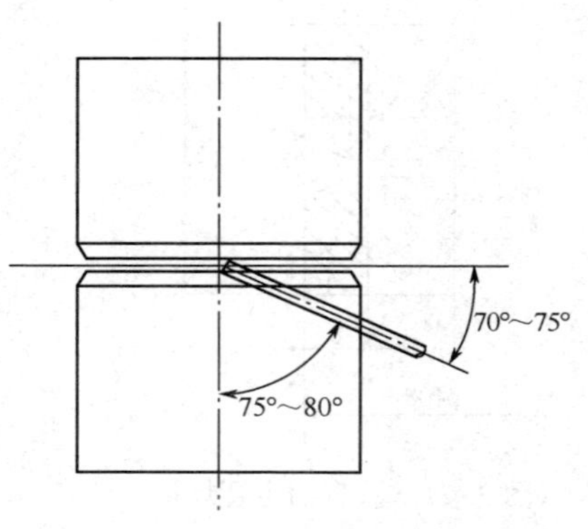

图 3-23　焊条角度

在定位焊接点对称的坡口内引弧，采用两点击穿法进行焊接。待坡口两侧熔化时，焊条向根部压送，熔化并击穿坡口根部；听到“噗噗”的声音，并形成第一个熔池和熔孔，使两侧钝边熔化 0.5~1.0 mm，立即断弧。待熔池收缩到原熔池的 1/3 时，马上重新引弧进行焊接。电弧始终从坡口上侧引燃，并在上侧根部停留约 1 s，然后向下侧运条。在下侧根部停留 1~2 s 后，迅速移动焊条，使电弧沿坡口下侧后方断弧。断弧与接弧时间间隔要短，断弧动作要果断，不得拉长电弧，断弧频率 40~50 次/min。接弧位置要准确。焊接时应保持熔池形状大小一致，熔池铁液清晰、明亮。

打底焊换焊条时，在距离前段焊缝收尾处后约 10 mm 处引弧，连弧焊接至收弧弧坑中心坡口根部时，焊条向下压一下，听到“噗噗”的声音，表示接头熔透并形成熔孔，立即灭弧，然后正常运条施焊。

与定位焊缝接头时，当运条到定位焊缝根部时，要留一个小孔，小孔直径与所用焊条直径相当。此时不能灭弧，并将定位焊缝端预热，继续补充铁水让小孔自由封口，在封口的同时焊条向下压一下，听到“噗噗”的声音后，稍做停顿，继续焊接约 10 mm，填满弧坑。后半圈焊接时，引弧是从定位焊缝开始，然后接头。打底焊最后一个接头的操作方法和前一个接头的操作方法一样。

（2）填充焊采用连弧手法，进行一层二道焊接操作。换焊条接头是从收弧处前方约 10 mm 处引弧，将电弧拉回弧坑并填满，然后正常运条施焊。从下侧坡口开始排列，压第一道焊道 1/3 ~ 1/2。填充层高度距离焊件表面坡口边缘线 1 ~ 1. 5 mm，保持坡口边缘线完整。这是盖面焊时的基准线。

（3）盖面焊分三道焊接，从下侧坡口开始向上排列。焊前应将填充层的熔渣和飞溅等清理干净，并修平局部上凸的部分。采用直线不摆动运条。第一道焊道焊条与试件下侧夹角约为 80°，使下坡口边缘熔化 1 ~ 2 mm。第二道焊道焊条与试件下侧夹角 85° ~ 90°，并有 1/2 压在上一道焊道上。最后一道焊道焊条与焊件下侧夹角为 70° ~ 80°，并使上坡口边缘熔化 1 ~ 2 mm，达到焊缝与试件表面圆滑过渡。

（4）注意事项

1）每层焊缝完成后，将熔渣和凸出的部分清除。

2）坡口上侧、下侧和熔敷金属之间不能形成死角，以免形成夹渣及未熔合缺欠。

3）运条过程中，必须根据管道圆弧的变化而不断变换焊条角度。

4）盖面层要求高低、宽窄一致，避免上侧咬边。

五、焊条电弧焊设备

1. 焊机型号的编制原则

我国焊机型号是按 GB/T 10249—2010《电焊机型号编制方法》统一规定编制的。焊机型号由字母及阿拉伯数字组成，其编排次序如图 3-24 所示，其中，1~4 是电焊机的产品符号代码。

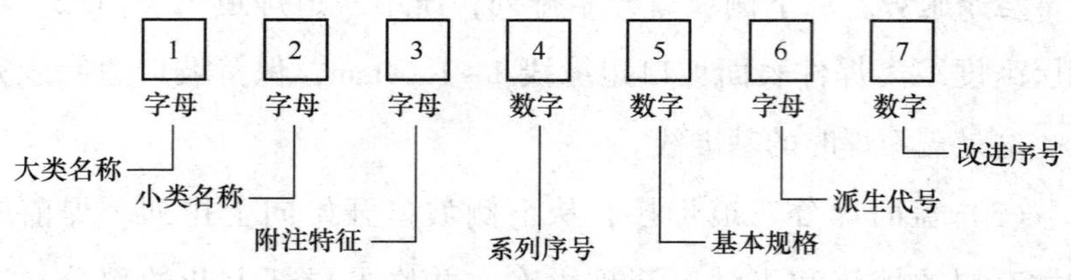

图 3-24　焊机型号编排次序

（1）大类名称。B 表示弧焊变压器，Z 表示弧焊整流器，A 表示弧焊发电机。

（2）小类名称。X 表示下降外特性，P 表示平特性，D 表示多特性。

（3）附加特征。如 G 表示硅整流器。

（4）系列序号。同小类中区别不同系列以数字表示。例如，电弧焊变压器类以“1”表示动铁芯系列，“3”表示动圈系列；电弧焊整流器中以“1”表示动铁芯系列，“3”表示动圈系列，“5”表示晶闸管系列，“7”表示逆变系列等。

（5）基本规格。电弧焊变压器类及电弧焊整流器类都是以数字表示额定焊接电流，型号如图 3–25 所示。

特殊环境用的产品在型号末尾加注代表字母。常见焊机符号代码见表 3–15。

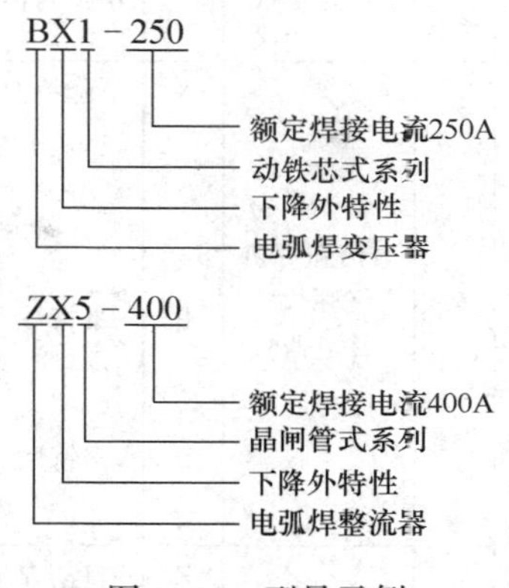

图 3–25　型号示例

表 3–15　　　　常见焊机符号代码

产品名称	第一字母		第二字母		第三字母		第四字母	
	代表字母	大类名称	代表字母	小类名称	代表字母	附注特征	数字序号	系列序号
电弧焊机	B	交流弧焊机（弧焊变压器）	X	下降特性	L	高空载电压	省略	磁放大器或饱和电抗器式
							1	动铁芯式
							2	串联电抗器式
			P	平特性			3	动圈式
							4	
							5	晶闸管式
							6	变换抽头式
	A	机械驱动的弧焊机（弧焊发电机）	X	下降特性	省略	电动机驱动	省略	直流
					D	单纯弧焊发电机	1	交流发电机整流
			P	平特性	Q	汽油机驱动	2	交流
					C	柴油机驱动		
			D	多特性	T	拖拉机驱动		
					H	汽车驱动		

续表

产品名称	第一字母		第二字母		第三字母		第四字母	
	代表字母	大类名称	代表字母	小类名称	代表字母	附注特征	数字序号	系列序号
电弧焊机	Z	直流弧焊机（弧焊整流器）	X	下降特性	省略	一般电源	省略	磁放大器或饱和电抗器式
							1	动铁芯式
					M	脉冲电源	2	
							3	动线圈式
			P	平特性	L	真空载电压	4	晶体管式
							5	晶闸管式
							6	变换抽头式
			D	多特性	E	交直流两用电源	7	逆变式
	M	埋弧焊机	Z	自动焊	省略	直流	省略	焊车式
							1	
			B	半自动焊	J	交流	2	横臂式
			U	堆焊	E	交直流	3	机床式
			D	多用	M	脉冲	9	焊头悬挂式
	N	MIG/MAG焊机（熔化极惰性气体保护弧焊机/活性气体保护弧焊机）	Z	自动焊	省略	直流	省略	焊车式
							1	全位置焊车式
			B	半自动焊			2	横臂式
					M	脉冲	3	机床式
			D	点焊			4	旋转焊头式
			U	堆焊			5	台式
					C	二氧化碳保护焊	6	焊接机器人
			G	切割			7	变位式

2. 焊机的主要技术指标

（1）负载持续率。焊机负载的时间占选定工作时间的百分率称为负载持续率。对于不同的负载持续率，焊机有不同的允许使用的最大焊接电流值。

（2）额定值。它是指对电源规定的使用限额，如电压、电流及功率的限额。按额定值使用设备是最经济合理、安全可靠的。超过额定值工作时，称为过载，严重过载将使设备损坏。

3. 常用交流弧焊机

弧焊变压器是一种降压变压器，通常又称为交流弧焊机。

（1）分体式弧焊机。这类弧焊变压器分别由一台独立的降压变压器和一台独立的电抗器组成。分体式弧焊变压器有单站、多站两种。单站式：小电流焊接时电弧不稳定，另外结构不紧凑，经济指标低，目前已不生产。多站式：设备投资少，利用率高，电网三相负载均匀，但灵活性差，变压器故障将影响多个工位，电能及电工材料耗量比较大。

（2）同体式弧焊机。焊机由一台具有平特性的降压变压器上面叠加一个电抗器组成，变压器与电抗器有一个共同的磁轭。变压器初级绕组分别绕在变压器侧柱上，次级绕组与电抗器线圈串联后向电弧供电，电抗器铁心中间留有可调的间隙，以调节焊接电流。

（3）动铁漏磁式弧焊机。焊机由一台初级绕组、次级绕组分别绕在两边心柱上的变压器，中间再插入一个活动铁心所组成。

（4）动圈式弧焊机。焊机有一个高而窄的口字形铁心，是为了保证初级线圈、次级线圈之间的距离有足够的变化范围。变压器的初级线圈、次级线圈分别做成匝数相等的两盘，用夹板夹成一体。初级线圈固定于铁心底部，次级线圈可用丝杠带动，摇动手柄则上下移动，从而调节电流。

（5）抽头式弧焊机。其基本工作原理与动圈式弧焊机相似。初级线圈分绕在口字形铁心的两个心柱上，两次级线圈仅绕在一个心柱上。所以初级线圈、次级线圈之间产生较大的漏磁，从而获得下降外特性。电流调节是有级的。

交流弧焊电源的常见故障及排除方法见表 3–16。

表 3–16　　交流弧焊电源的常见故障及排除方法

故障特征	产生原因	排除方法
焊机过热	①焊机过载 ②变压器线圈短路 ③铁心螺杆绝缘损坏	①减小焊接电流 ②消除短路 ③修复绝缘
焊接过程中电流忽大忽小	①焊接电缆与工件接触不良 ②可动铁心随焊机振动改变位置	①使焊接电缆与工件接触良好 ②设法消除铁心的移动
动铁心在焊接过程中发出强烈的嗡嗡声	①动铁心的制动螺钉或弹簧太松 ②动铁心移动机构损坏	①拧紧制动螺钉，调大弹簧的拉力 ②修理移动机构
焊机外壳带电	①初级线圈或次级线圈碰机壳 ②电源线碰机壳 ③焊接电缆碰机壳 ④未接地线或地线接触不好	①消除碰壳处 ②消除电源线碰壳处 ③消除碰壳处 ④接好地线
焊接电流太小	①焊接电缆太长，截面太小、压降太大 ②焊接电缆卷成盘形，电感太大 ③焊接电缆与焊机接线柱接触不良 ④焊件上锈未除净	①减短电缆长度或增大电缆截面 ②把电缆抖开 ③拧紧螺母并打磨净接线处的氧化皮 ④打磨工件接线处的锈迹

4. 常用直流弧焊机

（1）直流弧焊发电机。直流弧焊发电机由一台异步电动机和一台弧焊发电机组成。其体积大，笨重，耗材多，噪声大，效率低，制造过程中耗能高，加工工艺复杂，所以基本被其他产品替代。

（2）弧焊整流器。弧焊整流器是一种将交流电经变压、整流转换成直流电的焊接电源。采用硅整流器做整流元件称为硅整流焊机，采用晶闸管（可控硅）做整流元件的称为晶闸管整流弧焊机。

1）硅整流焊机。它是由三相降压变压器、饱和电抗器、整流器组、输出电抗器、通风及控制系统等部分组成。

2）晶闸管整流弧焊机。它是由电源系统、触发系统、控制系统、反馈系统等组成，常用焊机型号为 ZX5-400。

ZX5-400 型晶闸管整流弧焊电源的常见故障及排除措施见表 3-17。

表 3-17　ZX5-400 型晶闸管整流弧焊电源的常见故障及排除措施

故障特征	产生原因	排除方法
接触器不能启动，焊机不能工作	①电源缺相 ②起动按钮接触不良 ③接触器损坏	①检查电源 ②检修或更换按钮开关 ③检修或更换接触器
空载电压太低	①三相电源相序不对 ②控制板损坏	①调整电源相序，将三相电源中任意两相调换位置 ②更换控制板
输出电流不正常	①可控硅损坏 ②控制板损坏	①更换已损坏的可控硅 ②更换控制板
过载保护起作用	①焊机瞬间电流大于额定负载 3 倍 ②可控硅损坏 ③控制板损坏	①停机后重新启动 ②更换可控硅管 ③更换控制板

（3）逆变式焊接电源。逆变焊接电源是从电网吸取电能经逆变器变换供焊接使用的电源。

1）逆变焊接电源电路的基本形式。其有全桥式逆变电路、半桥式逆变电路和单端式逆变电路。

2）逆变焊接电源的特点。逆变焊接电源是焊接电源中最新一代产品，它将取代传统电源，这是因为它具有以下特殊的优点：

①体积小、质量轻、节省材料。

②高效节能。

③适应性强。

逆变焊接电源常见型号为 ZX7－400，如图 3-26 所示。

图 3-26　ZX7-400 焊机

六、焊条电弧焊常用辅助工具

1. 焊钳

焊钳又称焊把，起夹持焊条和传导电流的作用。焊钳上夹持焊条的导电部分用纯铜制作，绝缘外壳用胶木粉压制而成，焊接时间长时，焊钳会发烫。防烫手焊钳是一种新型、高效的焊钳，焊接时手柄温度低于 40 ℃。图 3-27 所示为普通焊钳和防烫手焊钳。

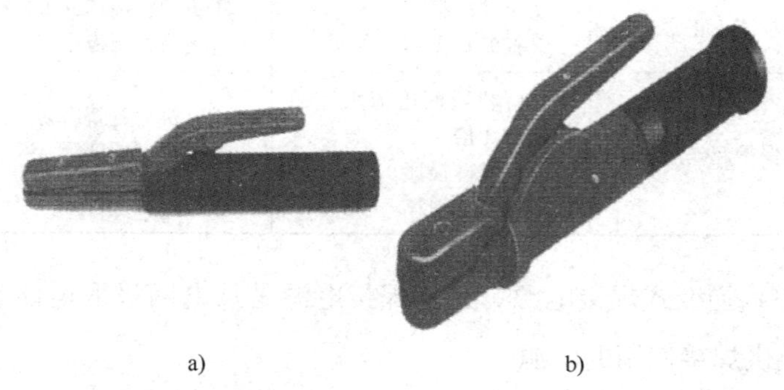

a)　　　b)

图 3-27　焊钳

a）普通焊钳　b）防烫手焊钳

2. 电焊面罩

滤光眼镜俗称黑玻璃，装在电焊面罩上，以保护焊工的面部及眼睛免受强烈弧光的辐射和金属飞溅物的灼伤。常用的电焊面罩有头戴式、手持式等，如图 3–28 所示。

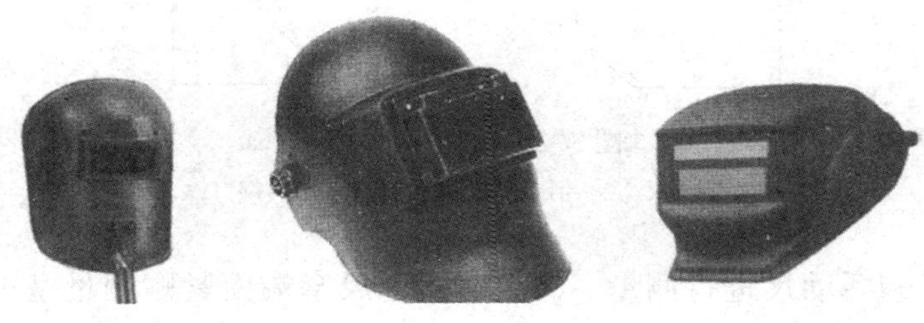

图 3–28　电焊面罩

3. 焊条保温筒

对于有烘干及保温要求的焊条，焊工在领出焊条以后，应保存在焊条保温桶内，焊接时应逐根取出使用。图 3–29 所示为焊条保温筒。

图 3–29　焊条保温筒

4. 焊接测量器

焊接测量器是一种精确测量焊缝的量具，使用范围较广，可以测量焊接结构构件的坡口角度、间隙宽度、焊缝高度等，如图 3–30 所示。

使用焊接测量器时应避免磕碰划伤、接触腐蚀性气体和液体，保持其表面清晰。焊接测量器使用结束后，应放入专用的封套内。

（1）焊件错边量及焊缝余高的测量。以焊件表面为测量基准，

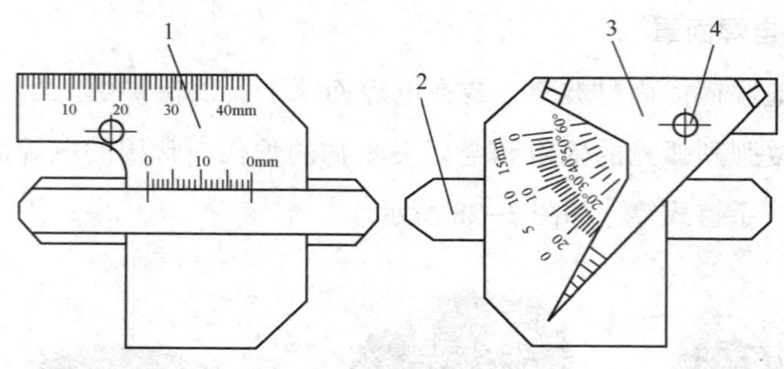

图 3-30　焊接测量器

1—主尺　2—活动尺　3—测角尺　4—铆钉

用主尺和活动尺进行测量。测量时，主尺窄端面紧贴测量基准面，使活动尺尖轻触被测面，然后在主尺上读出测量值，如图 3-31 所示。

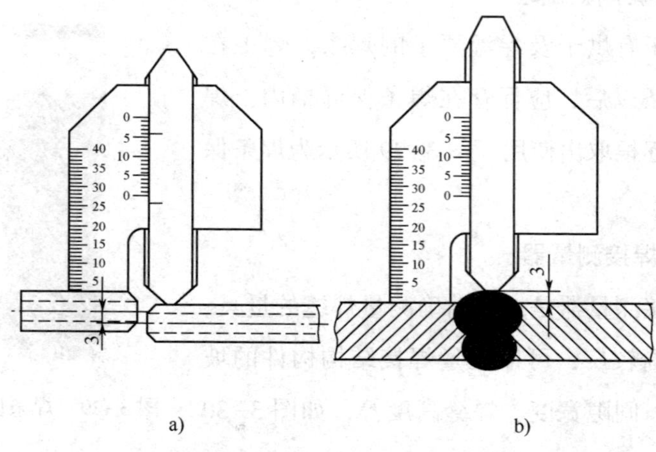

图 3-31　焊件错边量及焊缝余高的测量

a）错边量的测量　b）焊缝余高的测量

（2）坡口角度的测量。坡口角度可选择焊件接缝表面或焊件表面作为测量基准，用主尺和测角尺进行测量。测量时，将主尺大端面紧贴测量基准面，使测角尺的长端面轻触被测量面，然后在主尺上读出测量值，如图 3-32 所示。

当选择焊件表面为测量基准时，在主尺上读出的测量值即为坡口角度值，如图 3-32a 所示。

若以接缝表面为测量基准时，坡口角度值等于 90°减去主尺读数值，如图 3-32b 所示。

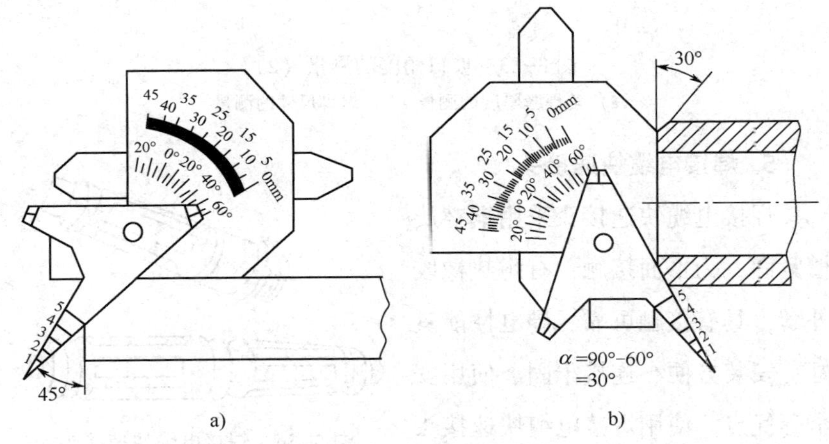

图 3-32　坡口角度的测量（1）

a）以焊件表面为测量基准　b）以接缝表面为测量基准

当以焊缝侧的焊件表面为测量基准面时，用主尺和活动尺进行测量。在测量焊缝厚度时，将主尺 45°端面紧贴基准面，使活动尺尖轻触焊缝表面，在主尺上即可读出角焊缝厚度的测量值，如图 3-33a 所示。

当测量焊脚尺寸时，将主尺大端面紧贴焊件表面并使主尺窄端面对准焊趾处，活动尺尖轻触焊件另一侧表面，在主尺上读出焊脚尺寸的测量值，如图 3-33b 所示。

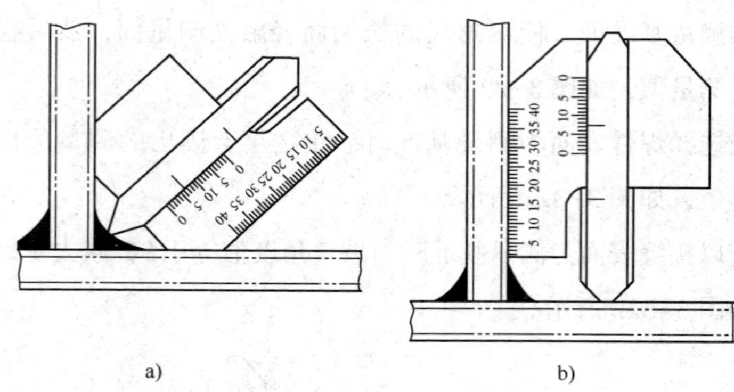

图 3-33　坡口角度的测量（2）

a）角焊缝厚度的测量　b）焊脚尺寸的测量

5. 焊接电缆快速接头

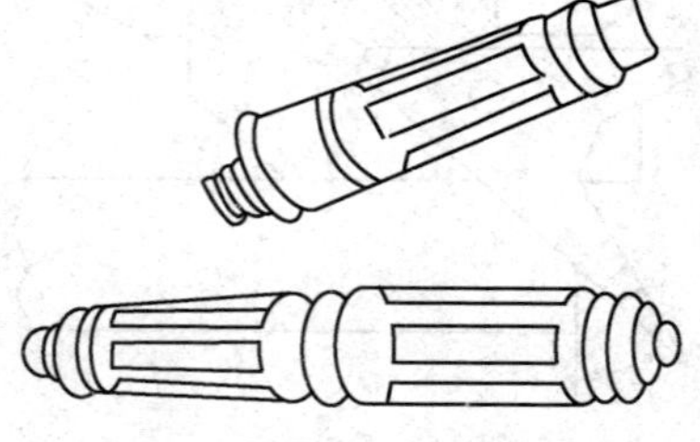

图 3-34　焊接电缆快速接头

焊接电缆快速接头采用铜螺旋槽紧固，为平面接触，有耐热橡胶外套，具有接触可靠、导电性能良好、安装方便、连接牢固、使用安全等优点。使用焊接电缆快速接头后，可避免使用扁铁或铜接头加螺栓连接电缆引起的装卸麻烦、导电性能差、接头处接触电阻大、容易发热等。其外形如图 3-34 所示。

焊接电缆快速接头的装配方法如下：先将电缆端部约 30 mm 的绝缘外层剥掉，再用厚 0.1 mm 的铜箔包一圈多，塞进接头后面的孔中用螺钉拧紧，再套上绝缘套即可。若发现温升过高，应立即检查电缆插头与插座是否拧紧，电缆与接头连接处是否接好。

6. 角向磨光机

角向磨光机是一种小型电动砂轮，外形如图 3-35 所示。

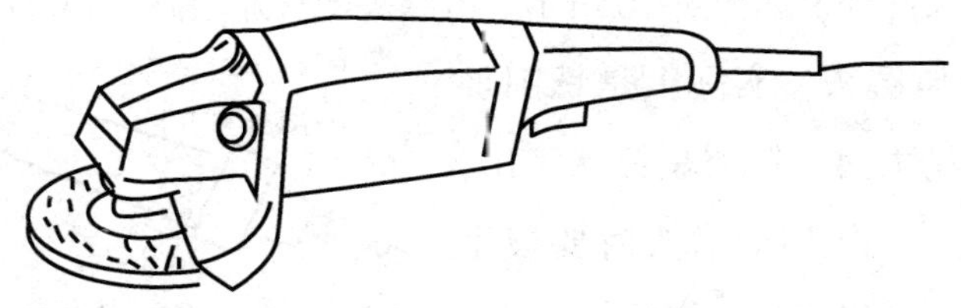

图3-35　角向磨光机

角向磨光机根据砂轮片的直径划分型号，有ϕ100 mm、ϕ125 mm、ϕ150 mm和ϕ180 mm 4种，主要用来打磨坡口和焊缝接头处。如果换上同直径的杯形钢丝轮，还可用来刷锈，使用非常方便。

使用角向磨光机应注意以下事项：

（1）防止过载。角向磨光机的功率很小，特别是ϕ100 mm型角向磨光机，其功率只有200 W左右，使用时不能过载，否则极易烧毁。

（2）选择粗细合适的砂轮片。角向磨光机的砂轮片有粗细之分，粗砂轮片用于打磨，细砂轮片用于抛光。

（3）禁用劣质砂轮片。角向磨光机砂轮片的转速很高，若使用黏结强度低、质量分布不匀的劣质砂轮片，工作时角向磨光机抖动很厉害，极易打坏砂轮片而造成事故，应特别注意。

（4）注意磨削方向。角向磨光机打磨下来的磨屑沿磨轮的切线方向高速飞出，可看到明显的火花，打磨时要选择好打磨方向，以免伤人。

7. 电磨头

电磨头原用于模具加工，焊接操作时合适的磨头可用于打磨小型焊件的坡口和接头处。由于刀具硬度很高，具有各种形状，特别适用于补焊前清除焊缝中的缺欠。

电磨头的外形如图 3-36 所示。电磨头的转速很高（1 000 r/min），若采用硬质磨头，实际上是铣削加工，压力稍大时，铁屑呈针状飞出，极易伤人，故使用电磨头时要戴手套和护目镜，以防发生事故。

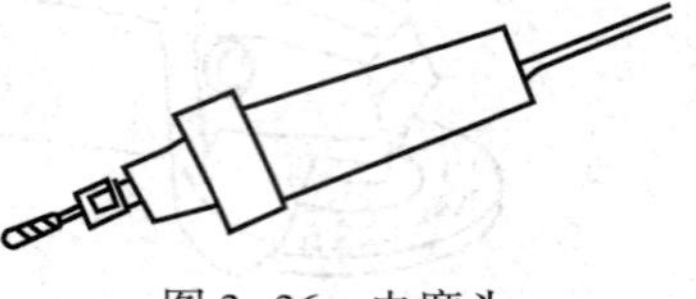

图 3-36　电磨头

更换刀具时必须将刀具卡紧，刀杆要留得尽量短，磨削开始时下压要慢，防止冲击，磨削时压力不能太大，防止碰弯刀杆。当刀杆没弯时，磨削很轻松，平稳无振动；若刀杆被碰弯或刀杆松动，在高速转动时，因偏心振动很大，应立即停止磨削，重新卡紧刀杆或更换刀具。

8. 地线夹与多用对口钳

为了保证焊机输出导线与工件可靠连接，可采用地线夹或多用对口钳。地线夹的形状如图 3-37a 所示。GQ-2 型多用对口钳，如图 3-37b 所示，用于快速钳紧，适用板厚 30～70 mm。焊接管子对接焊缝时，若采用管焊对口钳进行装配，可保证同心度，焊完定位焊缝后，拆下管焊对口钳，即可进行焊接。常用管焊对口钳的外形如图3-37c 所示，适用于 ϕ15～105 mm 的管子对接焊。

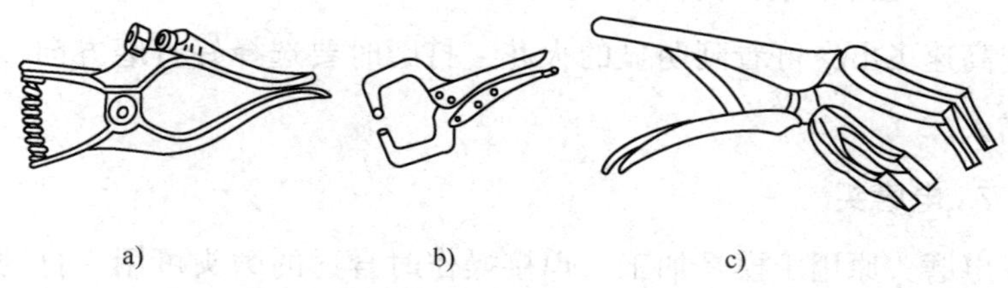

a)　　b)　　c)

图 3-37　地线夹与对口钳

a）地线夹　b）GQ-2 型多用对口钳　c）GQ-1 型管焊对口钳

模块 2　手工钨极氩弧焊

一、手工钨极氩弧焊概况

美国将 TIG 焊也称为 GTAW，即钨极惰性气体保护电弧焊。TIG 焊是由不熔化的钨电极与工件之间形成的电弧产热熔化金属来进行焊接的，本模块介绍人工送给焊丝的钨极氩弧焊，即手工钨极氩弧焊，如图 3-38 所示。氩气用来保护电极和焊接区，以防止钨电极氧化和焊缝及灼热焊丝可能产生的大气污染。

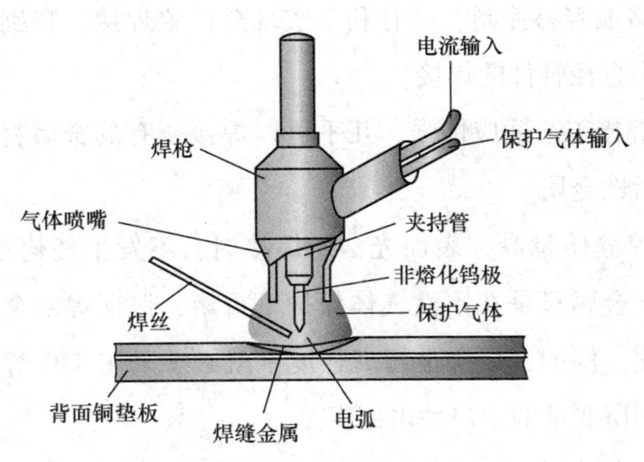

图 3-38　手工钨极氩弧焊

手工钨极氩弧焊具有以下优点：

（1）电弧热量集中，可精确控制焊接热输入，焊接热影响区窄。这对于焊接高热导率金属材料（如铜和铝）特别有利。在焊接热过敏的材料时，如高合金超高强度钢和沉淀硬化镍合金等，窄的热影响区是保证接头质量和性能的重要前提。

（2）焊接过程不产生熔渣。焊接时不使用任何熔剂，故不会形成熔渣。这使得焊接熔池轮廓十分清晰，便于焊工正确掌控，在多层焊时也可避免形成夹渣。在焊接熔化金属黏度较大的金属时，例如镍基合金，这点显得特别重要。

（3）焊接过程无飞溅，焊缝表面光洁。钨极惰性气体保护焊，不像熔化极气体保护焊的填充金属是通过电弧过渡，而是直接向焊接熔池添加，因此不会产生飞溅，焊接电弧十分平稳。

（4）焊接过程无烟尘。焊件表面清洁、无污染，原则上不会产生烟尘和有害气体。

（5）熔池容易控制。这有利于实现全位置焊接，特别适用于薄板接头和小直径管件的焊接。

（6）焊接工艺适应性强，几乎可以焊接所有的金属材料，包括钛、锆等活性金属。

（7）焊缝质量高，表面光洁。焊接时，不发生任何冶金反应，母材和填充金属只是在惰性气体保护下重熔，保证焊缝金属具有很高的纯净度。例如，高合金超高强度钢就必须采用 TIG 焊，焊缝金属才能达到所要求的缺口冲击韧度。

（8）焊接参数可精确控制，易于实现焊接过程的全自动化。

手工钨极氩弧焊具有以下缺点：

（1）与其他熔焊方法相比，熔敷率较低，因而其焊接率和焊接速度相对较低，降低了焊接生产的经济效益。

（2）焊接时，要求焊工双手协调动作，操作难度较大。因此，焊工需经较长时间的专门培训，才能掌握必要的技能。

（3）焊接时，电弧发射的紫外线较强，焊工应加强防护，配备相应等级的面罩。

（4）在狭窄空间进行焊接时，保护气体在焊接环境空气中的浓度会逐渐增高，使焊工在低氧状态下操作，严重影响焊工的体能。因此，施焊场地必须装备适当的抽风机，或让焊工佩戴可供新鲜空气的面罩。

（5）焊接设备的结构比焊条电弧焊设备较为复杂，且价格较高，因而设备的投资成本较高。

手工钨极氩弧焊作为一种优质的弧焊方法，在各类焊接结构生产中得到广泛的应用。除了低熔点、易挥发的金属材料，如铅、锌等，手工钨极氩弧焊适用于绝大多数金属材料，包括各种碳钢，低合金钢，中、高合金钢，镍及镍合金，铝及铝合金，镁及镁合金，铜及铜合金，钛及钛合金，锆及锆合金等，特别适用于易氧化和过热敏感的金属材料。高合金超高强度钢、沉淀硬化镍合金和沉淀硬化超级奥氏体不锈钢必须采用手工钨极氩弧焊，才能保证接头达到相关标准要求的性能。

手工钨极氩弧焊适用的接头厚度范围为0.5~4.0 mm，直流低频脉冲钨极惰性气体保护焊适用的接头厚度范围可扩大到0.2~6 mm，热丝钨极惰性气体保护焊适用的接头厚度上限为20 mm，窄间隙钨极惰性气体保护焊（自动焊）的最大接头厚度可达300 mm。手工钨极氩弧焊适用于各种常用的接头形式，包括对接、搭接和端接。由于其具有优良的单面焊双面成形的性能，也常用于厚壁对接接头根部焊道和小直径薄壁管的焊接。

手工钨极氩弧焊适用于各种焊接位置，包括平焊、平角焊、横焊、立焊和仰焊，以及水平固定管件对接接头的全位置焊。但由于空气对流、过堂风、微风都可能破坏气体对焊接区的保护，所以它适用于车间作业，不适用于野外施工。

手工钨极氩弧焊可采取手工自熔和手工填丝的作业方式，可配备各种机械化和自动化焊接设备进行机械化、自动化和全自动化焊接。它也可与焊接机器人系统集成，实现零部件焊接的全自动化。

二、手工钨极氩弧焊工艺内容

1. 焊接电流

（1）熔池熔深与焊接电流成正比关系。

（2）如果焊接电流增加而电弧弧长不变，则电压增加。因此，调整电流时应相应调整电压，从而保持弧长不变。

（3）如果焊接电流过低，则电极尖端产热不够会导致电弧不稳定；如果焊接电流过大，则电极尖端过热熔化，导致夹钨。

2. 焊接速度

（1）焊接速度既影响熔宽又影响熔深，但是对熔宽的影响比熔深显著。

（2）焊接速度提高，熔深和熔宽降低；焊接速度降低，熔深和熔宽增加。

3. 电流类型和极性

（1）手工钨极氩弧焊时，电流类型和极性对焊接过程及焊缝的影响见表3-18。

（2）钢焊接时，采用直流正接（DCEN）通常会取得较好的焊接效果。

（3）高熔点氧化物，如铝和镁的氧化物，会阻止熔化过程的进行。这时，采用交流或直流反接（DCEP）可以去除这些氧化膜。

（4）采用直流反接（DCEP）时，热量集中于电极尖端。因此采用直流反接（DCEP）时，电极直径必须比直流正接（DCEN）时大，以免钨极过热。推荐在直流反接（DCEP）时使用水柱冷却。

表 3-18　TIG 焊接电流类型和极性对焊接过程及焊缝的影响

电流类型和极性	直流正接（DCEN）	交流	直流反接（DCEP）
示意图	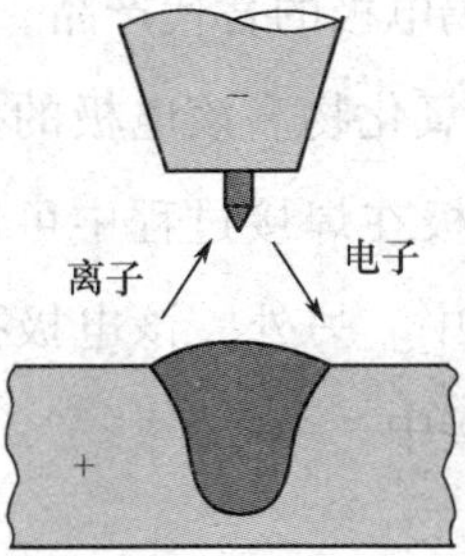 − 离子 电子 +	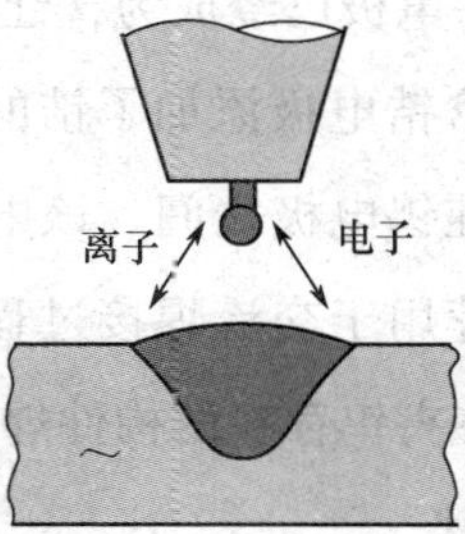 离子 电子 ~	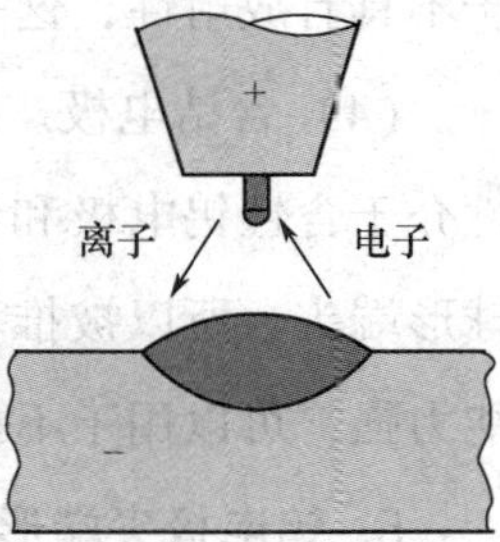 + 离子 电子 −
热量分配	70%在工件，30%在电极	50%在工件，50%在电极	30%在工件，70%在电极
焊缝形状	深、窄	中	浅、宽
清洁作用	无	有，每半个循环	有
电极容量	最好（3.2 mm/400 A）	最好（3.2 mm/2 250 A）	最好（6.4 mm/120 A）

4. 钨电极类型

不同类型的钨电极用于不同的应用场合。

（1）纯钨电极。在交流焊轻金属过程中采用纯钨电极，因为它可以在焊接过程中持续清洁球形端头。但与其他类型电极相比，该电极起弧性差，交流过程中电弧稳定性低。

（2）含钍钨电极。含钍钨电极添加了钍的氧化物（氧化钍）以改善起弧性。该电极携带电流的能力比纯钨电极强，端头维持尖端形状也长。但是，氧化钍具有轻微辐射性，电极尖端磨制过程中产生的灰尘不可吸。磨制含钍钨电极尖端的设备应配有灰尘吸收系统。

（3）含铈镧钨电极。含铈镧钨电极添加了铈镧氧化物，与添加氧化钍的目的一样，改善起弧性，可以用于直流和交流的场合。由于不具有放射性，这一电极已经成为含钍钨电极的替代产品。

（4）含锆电极。含锆电极添加了锆的氧化物。该电极的操作特性介于含钍钨电极和纯钨电极之间。该电极在焊接过程中可以保持球形端头，所以被推荐用于交流焊接过程中。另外，该电极抗污染能力强，可以用于不许夹钨存在的构件焊接中。

5. 钨电极尖端形状

在直流反接（DCEP）情况下，含钍、铈或镧的钨电极尖端要被磨成带一定角度的尖端形状，如图3-39a所示。通常来讲，电极尖端磨制部分的长度应该是电极直径的2~2.5倍。

电极尖端被磨成平头，可避免在电弧起弧或焊接过程中尖端断裂，如图3-39b所示。

交流焊接过程中使用纯钨电极或含锆电极，使用半球或球形端头，如图3-39c所示。

6. 保护气体

保护气体一般选用纯氩气。对于奥氏体不锈钢和某些铜镍合金，

a)

b)

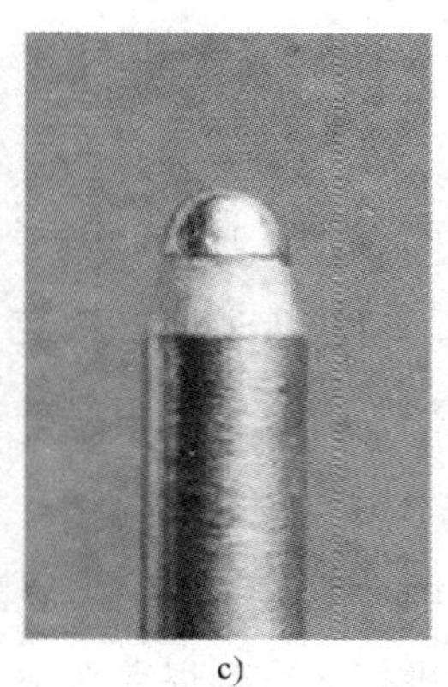
c)

图 3-39　钨极尖端形状

a）电极尖端角度（或顶角）　b）平头电极端头　c）球形头电极端头

氩气和 5%左右的氢气混合使用作为保护气体可以改善熔深和减少气孔的产生。

7. 保护气体流量

如果保护气体流量太小，就不能有效去除焊接区周围的空气，导致气孔的产生和焊缝污染。如果气体流量太大，则保护气流形成紊流，吸入空气，也会导致气孔的产生和焊缝污染，如图 3-40 所示。保护气体流量一般在 10～12 L/min。

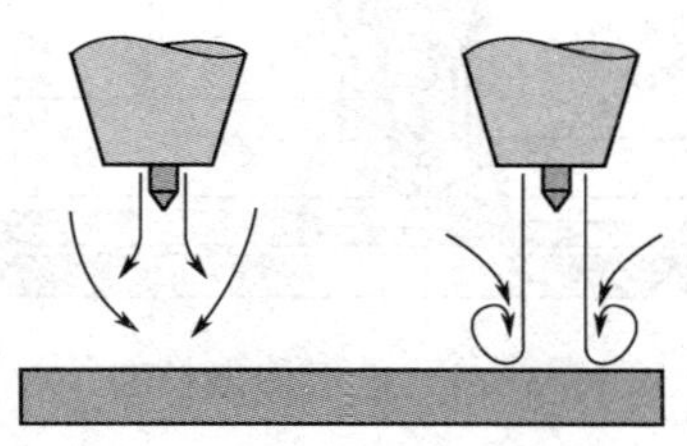

图 3-40　保护气体流量对比图

8. 背面气体保护

进行 TIG 焊时，有必要进行焊缝背面保护，以防止焊接过程中背面氧化，通常采用背面通入保护气体来实现，保护气体多用纯氩气。对于管道焊接来说，很容易实现背面保护。但是对于平板焊接来说，有必要采用保护通道或换一种焊接位置，也可以在焊接过程中采用背面保护喷嘴。背面保护首先要清除焊接区背面的空气：焊接前一定时间内通一定流量的气体，一般为 4 L/min。背面保护要持续进行，直到焊完 2~3 层焊缝为止。对于碳钢和碳锰钢，不用背面保护就可以获得满意的焊缝。

9. 电极伸出长度

电极伸出量是指从电极夹持管口到电极尖端的距离。由于电极夹持管缩进气体喷嘴之内，因而这一参数可以通过测量伸出长度而间接获得，如图 3-41 所示。

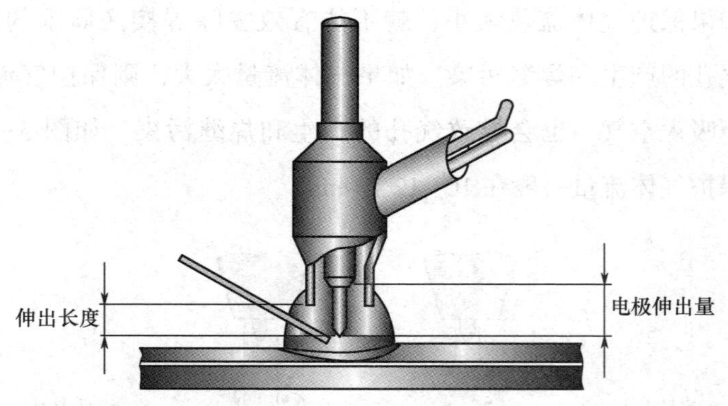

图 3-41　电极伸出长度

如果电极伸出长度太短，电极尖端加热不够导致电弧不稳定；如果电极伸出长度太长，电极尖端过热，导致电极尖端熔化，形成夹钨。电极伸出长度一般为电极直径的2~3倍。

三、手工钨极氩弧焊基本操作

TIG焊接一般都是左向焊，右手拿焊枪，左手拿焊丝。无论是焊试板还是焊构件，最好设置引弧板和引出板。如果焊机没有高频或者脉冲引弧装置，则要在引弧板或坡口边短路引弧。引弧时，喷嘴内提前3~5 s通入氩气。熄弧时，要滞后5~7 s断氩气，如果工件厚、熔池体积大，则滞后时间要更长。待建立起熔池，钨极才能向前移动，才能加焊丝。钨极要垂直工件表面，并后倾15°左右。

焊接过程中钨极不做左右摆动（大厚度板除外），要匀速前进。电弧长度要尽量短，一般与钨极直径相当，只要不触及母材就行。钨极始终要处于焊缝中心线上，如果是不等厚度接头焊接时，电弧应稍多地指向较厚一侧的截面。焊缝鱼鳞波纹形状的密或稀疏，与焊丝送丝速度有关，送丝速度快，波纹就密，反之则稀疏，但焊接速度一定要均匀；鱼鳞波纹才会均一。焊丝送进角度要小，与母材保持20°，且要快速送到熔池中去，如果送进位置较高，在电弧作用下，会形成大熔滴，很难与母材熔合，或者会发生触钨，焊接过程就会中断。

焊接过程中，运丝的动作不要太大，要使焊丝始终处于氩气保护之下，以免熔融的焊丝头氧化，氧化的焊丝头再熔入焊缝之中，就会影响焊缝质量。焊丝不要触及钨电极，钨电极也不要触及焊丝，否则焊缝中会发生夹钨现象，影响焊缝质量。如果产生夹钨，要停止焊接，剔除焊缝中的夹钨缺欠并钳掉带焊丝金属的钨极端头，补焊后才可继续焊接。长焊缝中断焊接重新起弧时，为避免起弧处熔深太浅，可有两种处理方法：一种是在起弧处去掉部分焊肉（使焊缝变薄），重新建立熔池后即可加丝继续进行焊接；另一种是在熄弧处后退 10 mm 左右处重新起弧，焊到原熄弧点才开始加焊丝，目的是增加熔深。

熄弧时，如果处理不当，焊口（火口）会出现凹陷（缩孔），有时还会出现火口裂纹，这种缺欠可在熄弧时用衰减焊接电流进行控制。如果焊机无衰减装置，可用多次起弧并填充焊丝来防止火口缩孔及开裂。

当长时间焊接，钨极有氧化或金属污染时，必须加以清理，较小的污染可在试板上用增大电流引燃电弧方法烧掉，严重的污染可以用砂轮磨去或去掉钨电极污染部分，并在试板上引弧重新制成正确的电极形状。

四、手工钨极氩弧焊操作实例

实例　铝合金管对接，V 形坡口，水平固定，单面焊双面成形

1. 试件尺寸及要求

（1）试件材料牌号：5A03。

（2）试件及坡口尺寸：ϕ80 mm×5 mm，长 150 mm，共两件，用车床下料，V 形坡口，单面坡口角度 30°+2°。

（3）焊接位置：水平固定。

（4）焊接要求：单面焊双面成形。

（5）焊接材料：焊丝 HS5365，ϕ3. 0 mm；纯度（体积分数）99. 99%氩气。

（6）焊机：WSE5-315手工交直流钨极氩弧焊机。

2. 试件装配

（1）打磨清理好坡口面及其正反两侧20 mm范围内的油、锈及其他污物，直至露出金属光泽。管件装配成V形坡口的对接接头，无间隙。

（2）采用与焊接试件相同牌号焊丝进行定位焊，位置在时钟的10点和2点的位置各定位焊20 mm。将定位焊缝接头端打磨成斜坡。

（3）定位焊须采用与正式焊接相同的焊接方法和焊接材料。

3. 焊接参数

（1）钨极直径：Wce-20，ϕ2.4 mm。

（2）钨极伸出长度：4~6 mm。

（3）焊丝直径：3.0 mm。

（4）焊接电流：110~160 A。

（5）焊接电压：12~14 V。

（6）氩气流量：8~20 L/min。

（7）氩气纯度：99.99%。

（8）喷嘴直径：8~10 mm。

（9）焊接层数：2层。

4. 操作要点及注意事项

（1）定位焊后，需要用不锈钢丝刷清理定位焊的表面氧化膜。

（2）不锈钢丝刷清理后用丙酮、无尘布擦拭待焊接的表面灰尘和杂质，这一步十分重要。

（3）开始焊接前，检查钨极装夹情况，调整钨极伸出长度为5 mm左右，钨极应处于焊嘴中心，不得偏斜，钨极端部应磨成圆锥形，使电弧集中，稳定燃烧。

（4）调试焊接电流及电弧电压。调节保护气体：氩气纯度 99.99%以上，流量 8～20 L/min。引燃电弧时，需要采用高频振荡器进行引弧。

（5）焊接中断或焊接结束时，需要特别注意产生弧坑裂纹或缩孔。灭弧时采用自动衰减装置，在接近灭弧处应加快焊接速度及焊丝的填加频率，将弧坑填满后，慢慢将电弧拉长再灭弧。

（6）熄弧后不能立即关闭氩气，必须要等钨极呈暗红色后才能关闭，时间为 5～10 s，以防止高温时的氧化。

（7）焊接操作手法，一般采用左焊法，焊枪倾斜角为 15°～20°，焊丝干伸长为 15 mm 左右。焊接完第一道焊缝，用不锈钢丝刷去除表面氧化膜，再用丙酮擦拭干净。焊接盖面焊缝，焊后用不锈钢丝刷去除表面氧化膜。

五、手工钨极氩弧焊设备

1. 焊接电源

钨极惰性保护电弧焊可用直流电源、交流电源、脉冲电源进行焊接。采用直流电时，直流正接，用于焊接黑色金属，此时电流流动是单向的。采用交流电时，电子由负极流向正极，是双向的，用于焊接铝、镁合金。脉冲电源分直流脉冲和交流脉冲，根部母材、接头形式的不同选择不同的电源。

钨极惰性气体保护电弧焊所用的焊接电源可以是弧焊变压器、弧焊整流器、柴油或汽油弧焊发电机、弧焊逆变器、交/直流的脉冲电源，使用恒流（下降）输出特性的焊接电源。

弧焊电源必须提供：

（1）引弧空载电压：50~90 V。

（2）焊接过程中维持电弧的焊接电压：20~30 V。

（3）适当的电流范围：30~350 A。

（4）稳定的电弧：电弧快速恢复或再引燃而无冲击电流。

（5）恒定的焊接电流：焊接过程中电弧长度可以变化，但焊条烧损速度和焊缝熔深必须保持一致。

2. 控制系统

控制系统是指在焊机中设置的，对焊接电参数、保护气体、冷却水等进行控制的系统。

（1）焊接电参数：电源开关；焊接电流大小的调节，选用脉冲焊接时诸如脉冲峰值电流、基础电流、脉冲频率、幅值等的调节。

（2）氩气导前、滞后时间（通过气阀及时间继电器进行调节）。

（3）焊枪及焊接电源的水冷却（通过水泵开关进行调节）。

3. 焊枪（手把）

焊枪由 4 部分功能组成：供气、供电、供水及电控。

（1）供气。由氩气管路接入枪体。在连接喷嘴的焊枪实体上均匀钻许多小孔，氩气就从这些小孔流出，进入喷嘴小孔使氩气分布均匀并有一定的挺度。

（2）供电。电缆线接入焊枪，通过焊枪实体内的钨极夹头，将电流传导给钨电极。

（3）电控。焊枪上接入控制电源的细电线，另一端连接到焊接电源控制部分。通过焊枪上的微型开关，对焊接过程开始、结束进行控制。

（4）供水。焊枪按使用焊接电流的大小分为大、中、小 3 种。中、小两种焊枪没有水冷系统，靠自由空气冷却，而大焊枪因通入的焊接电流较大，为防止烧坏焊枪的电缆线、焊枪本体及电源系统，故采用循环水冷却。目前多采用封闭的水箱循环系统，为避免水管结垢，宜采用蒸馏水或纯净水。

4. 氩气瓶及流量计

（1）氩气瓶与一般的氧气瓶同质料，可以新购也可以将氧气瓶改用，但事先一定要将瓶重新清洗，再灌入纯氩气，瓶的外表也要重新漆成蓝灰色。氩气满瓶一般是 150 个标准大气压。

（2）流量计。氩气瓶中的高压气体是不能直接接入焊枪的，需要经过减压，同时还需对使用的氩气流量进行随意调整，并可读出流量值，这就需要在氩气瓶口装上流量计，也就是流量计有减压、调节流量并显示流量值三大功能。以前常用的是氧气浮子式玻璃管状医用流量计，其计量单位是氧气，氩气流量需经换算。现在弹簧式氩气流量计已逐渐取代了氧气流量计。

手工钨极氩弧焊常用辅助工具与焊条电弧焊基本类似，这里不再重复介绍。

模块 3　CO_2 气体保护焊

一、CO_2 气体保护焊概况

熔化极气体保护焊采用纯 CO_2 做保护气体，叫作 CO_2 气体保护焊，这是我国近年来重点推广的一种优质、高效、低耗的焊接方法，简称 CO_2 焊，如图 3-42 所示。由于 CO_2 具有氧化性，因此除了具备一般气体保护电弧焊的特点外，CO_2 气体保护焊在熔滴过渡、冶金反应等方面与一般气体保护电弧焊有所不同。

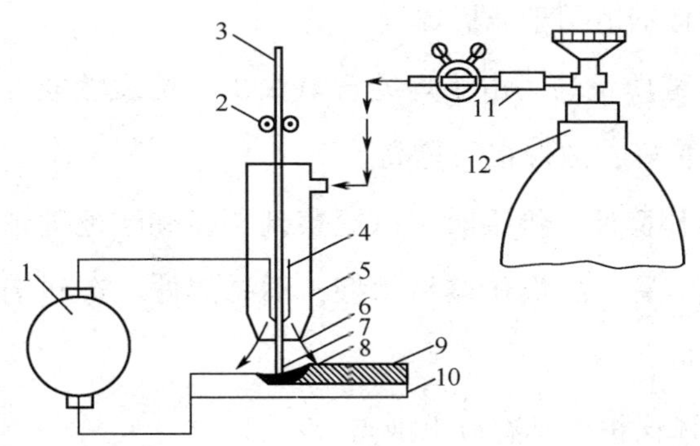

图 3-42　CO_2 气体保护焊过程示意图

1—焊接电源　2—送丝滚轮　3—焊丝　4—导电嘴　5—喷嘴

6—CO_2 气体　7—电弧　8—熔池　9—焊缝　10—焊件

11—预热干燥器　12—CO_2 气瓶

由于 CO_2 比空气重，因此从喷嘴中喷出的 CO_2 可以在电弧区形成有效的保护层，防止空气进入熔池，特别是空气中氮的有害影响。熔化电极（焊丝）通过送丝滚轮不断地送进，与工件之间产生电弧，在电弧热的作用下，熔化焊丝和工件形成熔池，随着焊枪的移动，熔池凝固形成焊缝。

CO_2 气体保护焊具有以下优点：

（1）生产率高。由于焊接电流密度较大，电弧热量利用率较高，焊丝又是连续送进，以及焊后不需清渣，因此生产率较高。

（2）成本低。CO_2 价格便宜，电能消耗少，所以焊接成本低，仅为埋弧焊的 40%，为焊条电弧焊的 37%～42%。利用了废气再生，接头不存在更换焊丝等都降低了 CO_2 气体保护焊的生产成本。

（3）焊接变形小。由于电弧加热集中，工件受热面积小，同时 CO_2 气流有很强的冷却作用，所以焊接变形小，一般结构件焊后即可使用，这特别适用于薄板焊接。

（4）焊缝质量高。由于焊缝含氢量少，抗裂性能好，焊接接头的力学性能良好，故焊接质量高。

（5）操作简便。焊接时可以观察到电弧和熔池的情况，比焊条电弧焊引弧容易，故操作容易掌握，不易焊偏，有利于实现机械化和自动化焊接。

CO_2 气体保护焊具有以下缺点：

（1）飞溅较大，并且表面成形较差，这是主要缺点。

（2）弧光较强，特别是大电流焊接时，电弧的光辐射和热辐射均比焊条电弧焊强。

（3）很难用交流电源进行焊接，焊接设备比焊条电弧焊设备复杂。要求焊工具有一定的实操水平及经验。

（4）不能在有风的地方施焊，不能焊接容易氧化的有色金属。

目前 CO_2 气体保护焊主要用于低碳钢、低合金钢的焊接，不仅能焊薄板，也能焊中、厚板，同时可进行全位置焊接。除了用于焊接结构制造外，还用于修理，如堆焊磨损的零件、铁路辙叉以及焊补铸铁等。

CO_2 气体保护焊在汽车、机车车辆、机械、石油化工、冶金、造船、航空等行业中得到广泛的应用。

二、CO_2气体保护焊焊接参数

CO_2气体保护焊的焊接参数包括焊丝直径、焊接电流、电弧电压、焊接速度、焊丝伸出长度、气体流量等。焊工必须充分了解这些因素对焊接质量的影响，以便正确地判断工作中遇到的问题。

1. 焊丝直径

焊丝直径根据焊件厚度、焊缝空间位置及生产率的要求等来选择。焊接薄板或中厚板的立焊、横焊、仰焊时，多采用直径1.6 mm以下的焊丝；在平焊位置焊接中厚板时，可以采用直径大于1.6 mm焊丝。焊丝电流一样时，熔深会随着焊丝直径的增加明显地减小。焊接电流一样时，焊丝越细，熔敷速度越高，这是因为焊丝直径小、电阻大，电阻热就大。

2. 焊接电流

焊接电流是CO_2气体保护焊的重要参数之一，应根据工件的厚度、材质、焊丝直径、焊接位置及熔滴过渡的形式来选择焊接电流。焊接电流对熔深、焊丝熔化速度及工作效率影响最大。当焊接电流逐渐增大时，熔深、熔宽和余高都相应增加。由于熔深的大小不同，熔敷金属对母材的稀释率也不同，因而熔敷金属的性质也随之不同。在大电流单层焊的情况下，母材稀释率大，熔敷金属容易受到母材成分的影响。在小电流多层焊的情况下，熔深小，母材稀释率小，对熔敷金属性质的影响也就小。

焊接电流越大，生产效率越高，焊接时的操作难度越大，焊接速度稍不合适就会产生咬边、焊缝下凹、焊漏或烧穿等缺欠。焊接电流过大，产生缺欠的可能性更大，而且焊接时的飞溅也大；若焊

接电流过小，容易产生未焊透、未熔合和夹渣等缺欠，而且焊缝成形不好。通常在保证焊透、成形良好的情况下，尽可能采用大电流，以提高生产率。

3. 电弧电压

CO_2 气体保护焊时，电弧电压与焊接电流一样，对焊接质量的影响相当大。电弧电压一般根据焊丝直径、焊接电流等来选择。随着焊接电流的增加，电弧电压也应相应加大。一般来说，短路过渡时，电弧电压为16~24 V；粗滴过渡时，电弧电压为25~40 V。另外，电弧电压对焊道外观、熔深、电弧稳定性、飞溅程度、焊接缺欠及焊缝的力学性能都有很大的影响。如电弧电压的增加，弧长也会增加，电弧的摆动加剧，熔宽明显增加，余高和熔深略有减少，焊缝成形得到改善。但电弧电压过高时，焊缝两侧容易出现咬边现象。

4. 焊接速度

焊接速度也是焊接参数中的重要因素，它和焊接电流、电弧电压是焊接热输入量的三大要素。它对熔深和焊道形状影响最大，对焊缝区的力学性能，以及是否产生裂纹、气孔等缺欠也有一定影响。

焊接高强度钢时，为了防止产生裂纹，确保焊缝区的塑性、韧性，要特别注意选择适当的热输入。一般 CO_2 半自动焊时焊接速度在15~40 m/h，CO_2 自动焊时不超过90 m/h。这些通常都是由焊工根据生产实际掌握，焊接重要构件需严格控制热输入时，工艺才规定焊接速度。

焊接速度增加时，保护效果就变差。如果焊接速度太快，将使熔池前部或全部裸露到空气中，焊缝会产生严重气孔，而保护区则落在已凝固的焊缝上，根本起不到保护作用。为此快速焊接时，要适当加大保护气体流量。

5. 焊丝伸出长度

通常情况下，焊丝伸出长度取决于焊丝直径，约以焊丝直径的 10 倍为宜，且不超过 15 mm。焊丝伸出长度过大，焊丝会成段熔断，飞溅严重，气体保护效果差。焊丝伸出长度过小，不但易造成飞溅物堵塞喷嘴，影响保护效果，而且影响焊工视线。

6. CO_2 气体流量

CO_2 气体流量的大小，应根据焊接电流、电弧电压，焊接速度等来选择。通常情况下，细丝 CO_2 气体保护焊时气体流量为 5～15 L/min；粗丝 CO_2 气体保护焊时为 15～25 L/min。气体流量与喷嘴直径有关，喷嘴直径增加时，气体流量也相应增加。

7. 其他

（1）电源极性。CO_2 气体保护焊时必须使用直流电源，且多采用直流反接。由于直流反接时，电弧稳定，熔深大，飞溅小，焊接过程平稳，焊接铝、镁及其合金时，必须采用直流反接。

直流正接时，在相同的焊接电流下，焊丝的熔化速度比直流反接时高 1.4 倍以上，焊缝熔深较浅，余高较大，飞溅也较大，但能降低母材稀释率。故堆焊、铸铁补焊及要求高速焊时都采用直流正接。

（2）回路电感。回路电感应根据焊丝直径、焊接电流和电弧电压等来选择。细丝 CO_2 气体保护焊时，熔滴短路过渡，在熔滴与熔池短路的一瞬间，焊接电流由正常值突然增大达到短路电流的峰值，然后又从峰值逐渐下降。回路电感的作用是使短路电流缓慢增加，并且使峰值不会太高，从而使电流平稳，电弧稳定性提高，减少飞溅。所以，回路电感对于细丝 CO_2 气体保护焊是很重要的一个辅助参数。

三、CO_2 气体保护焊基本操作

CO_2 气体保护焊的操作技术与焊条电弧焊一样，也是由引弧、收弧、接头、焊枪摆动等组成。由于没有焊条的送进运动，焊接过程只需维持弧长不变，并根据熔池情况摆动和移动焊枪即可。因此，CO_2 气体保护焊的操作比焊条电弧焊容易掌握。

在进行基本操作之前，焊工应检查焊机接线是否牢固、正确并操作焊机，特别是应将送丝机构上的焊丝嵌入滚轮沟槽，使焊丝能顺利伸出导电嘴，同时调整好焊接参数，使焊机处于准备焊接状态。焊接参数的选择必须通过试焊调整、判断，并通过经验判断是否合适。

1. 焊枪的摆动方式及应用范围

为了保证焊缝的宽度和两侧坡口的熔合，CO_2 气体保护焊时要根据不同的接头类型及焊接位置做横向摆动。常见的摆动方式及应用范围见表 3-19。

表 3-19　　焊枪的摆动方式及应用范围

摆动方式	应用范围
←	薄板及中厚板的第一层焊接
∨∨∨∨∨∨∨∨∨∨∨∨∨∨∨∨∨∨∨∨	小间隙及中厚板打底焊接，减少焊缝余高
∧∧∧∧∧∧∧∧∧∧∧∧	第二层为横向摆动送枪焊接的厚板等

续表

摆动方式	应用范围
	堆焊、多层焊接时的第一层
	大间隙
⑧　⑥⑦④⑤②③　①	薄板根部有间隙焊接，坡口有钢垫板或施工物时

为了减少热输入，减小热影响区，减少变形，CO_2 气体保护焊通常不采用大的横向摆动来获得宽焊缝，推荐采用多层多道焊接方法来焊接厚板。当坡口小时，可采用锯齿形较小的横向摆动，而当坡口大时，可采用弯月形的横向摆动，两侧停留时间 0.5 s 左右，如图 3-43a、b 所示。

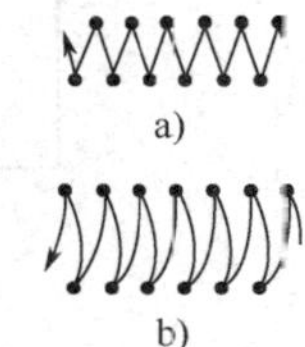

图 3-43　横向摆动示意图
a）锯齿形　b）弯月形

2. 引弧及收弧操作

CO_2 气体保护焊引弧方法与焊条电弧焊稍有不同，主要是碰撞引弧而不采用划擦式引弧。引弧时不必抬起焊枪，具体操作及注意事项如下。

引弧前，先按遥控盒上的点动开关或焊枪上的控制开关，点动送出一段焊丝，焊丝伸出长度小于喷嘴与焊件间应保持的距离，焊丝端头距工件表面的距离为 2~3 mm。然后将焊丝端头剪去，因为焊丝端头常常有很大的球形直径，容易产生飞溅，造成缺欠。经剪断的焊丝端头应为锐角。

引弧时，注意保持焊接姿势与正式焊接时一样。按下焊枪开关，焊机自动提前送气，延时接通焊接电源，保持高电压、慢送丝，直至焊丝与工件表面相碰而短路起弧。此时，由于焊丝与工件接触而产生一个反弹力，焊工应紧握焊枪，勿使焊枪因冲击而回升。引弧过程如图3-44所示。一定要保持喷嘴与工件表面的距离恒定，这是为防止焊枪回弹抬起太高导致电弧太长而熄灭，也是防止引弧时产生缺欠的关键所在。

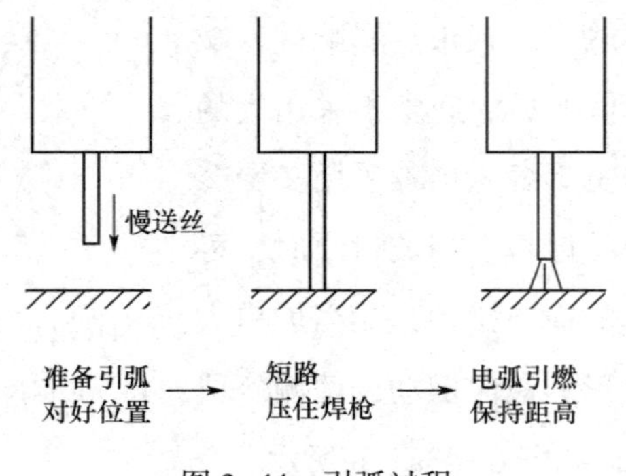

图3-44　引弧过程

重要产品进行焊接时，为消除在引弧时产生飞溅、烧穿、气孔及未焊透等缺欠，可采用引弧板，如图3-45所示。

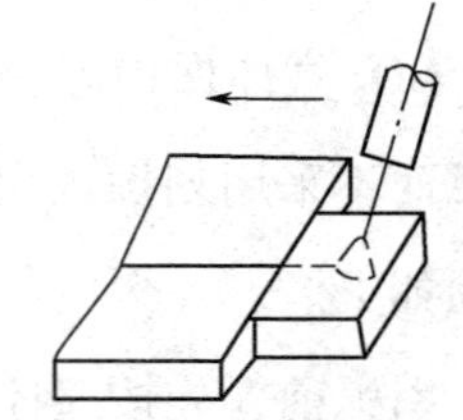

图3-45　使用引弧板示意图

不采用引弧板而直接在焊件端部引弧时，可在焊缝始端前20 mm左右处引弧后立即快速返回起始点，然后开始焊接，如图3-46所示。

结束前必须收弧，若收弧不当则容易产生弧坑，并出现弧坑裂纹（火口裂纹）、气孔等缺欠。

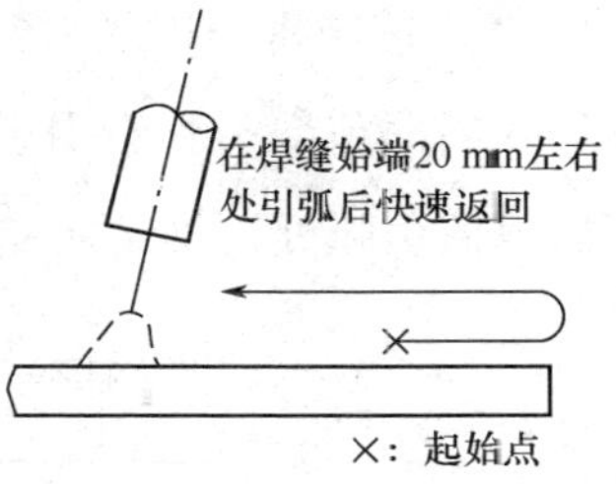

图 3-46　倒退引弧法示意图

对于重要产品，可采用引出板，将火口引至试件之外，可以省去弧坑处理的操作。如果焊机有电流衰减装置，则焊枪在收弧处停止前进，同时接通误差电路，焊接电流与电弧电压自动变小，待熔池填满时断电。细丝 CO_2 气体保护焊短路过渡时，因电弧长度短，弧坑较小，一般不需专门处理。若用直径大于 1.6 mm 的粗丝大电流焊接，且焊接没有自动电流衰减装置，则应多次断续引弧填充弧坑，直到弧坑填平为止，如图 3-47 所示。操作时动作要快，若熔池已凝固再引弧，则容易产生气孔、未焊透、未熔合等缺欠。

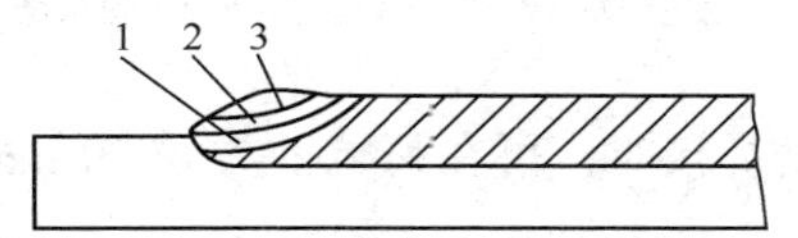

图 3-47　断续引弧法填充弧坑示意图

收弧时，特别要注意克服焊条电弧焊的习惯性动作，就是将焊枪向上抬起。CO_2 气体保护焊收弧时如将焊枪抬起，则将破坏弧坑处的保护效果。同时，即使在弧坑已填满、电弧已熄灭的情况下，也要让焊枪在弧坑处停留几秒后方能移开，保证熔池凝固时得到可靠的保护。

3. 接头操作

在焊接过程中，焊缝接头是不可避免的，而焊接接头处的质量又是由操作手法所决定的。为保证接头质量，应按以下步骤操作。

（1）首先将待焊接头处用磨光机打磨成斜面，如图3-48a所示。然后在斜面顶部引弧，引燃电弧后，将电弧斜移至斜面底部，转一圈后返回引弧处再继续向左焊接，如图3-48b所示。

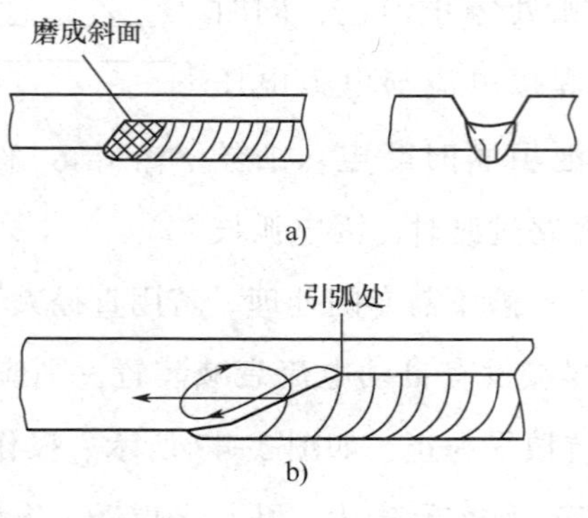

图3-48　焊接接头处理方法1

a）接头前的处理　b）接头处的引弧操作

（2）当无摆动焊接时，可在弧坑前方约20 mm处引弧，然后快速将电弧引向弧坑，待熔化金属填满弧坑后，立即将电弧引向前方，进行正常操作，如图3-49a所示。

当采用摆动焊时，在弧坑前方约20 mm处引弧，然后快速将电弧引向弧坑，到达弧坑中心后开始摆动并向前移动，同时，加大摆动转入正常焊接，如图3-49b所示。

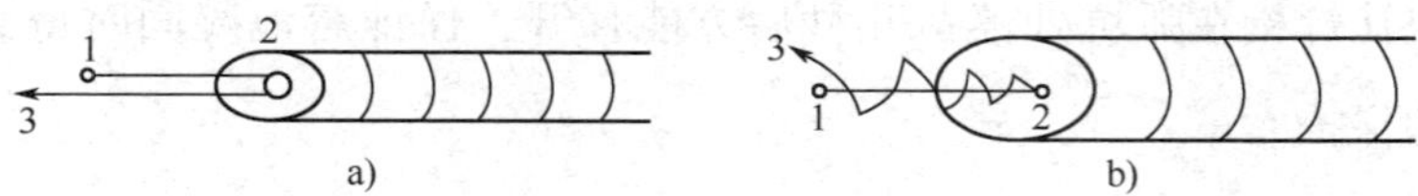

图3-49　焊接接头处理方法2

a）无摆动焊时　b）摆动焊时

4. 操作要点及注意事项

半自动 CO_2 气体保护焊通常都采用左焊法。这是由于左焊法有以下特点：

（1）容易观察焊接方向，看清焊缝。

（2）电弧不直接作用于母材上，熔深较浅，焊道平而宽。

（3）抗风能力强，保护效果较好，特别适用于焊接速度较大时。右焊法的特点则刚好与此相反。

由于 CO_2 气体保护焊焊枪较重，焊枪后面又拖了一根沉重的送丝导管，焊工只有掌握正确的持枪姿势才能长时间、稳定地进行焊接操作，如图 3－50 所示，若想获得满意的焊接质量应满足以下条件：

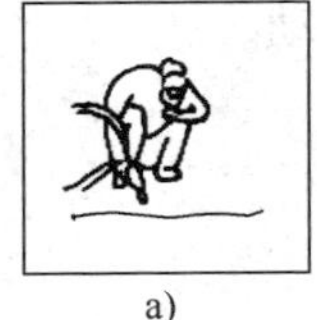
a)
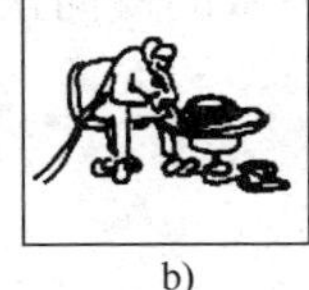
b)

c)

d)

e)

图 3－50　焊接姿势

a）蹲位平焊　b）坐位平焊　c）站位平焊　d）站位立焊　e）站位仰焊

（1）操作时，用身体的某个部位承担焊枪的重量，通常手臂都处于自然状态，手腕能灵活带动焊枪平移或转动，以不感到太累为宜。

（2）焊接过程中，软管电缆最小的曲率半径应大于 300 mm，以便焊接时可随意拖动焊枪。

（3）焊接时，能维持焊枪倾角不变，并能清楚、方便地观察熔池。

（4）将送丝机构放在合适的地方，以保证焊枪能在需要焊接的范围内自由移动。

（5）保持焊枪与焊件合适的相对位置。保持焊枪与焊件合适的相对位置主要是正确控制焊枪与焊件的倾角和喷嘴高度，使焊工既能方便地观察熔池，控制焊缝成形，又能可靠地保护熔池，防止出现缺欠。合适的相对位置因焊缝的空间位置和接头的形式不同而不同。

（6）保持焊枪匀速向前移动。焊工应根据焊接电流大小、熔池的形状、焊件熔合情况、装配间隙和钝边大小等，调整并保持焊枪匀速向前移动，获得满意的焊缝。

（7）焊枪的横向摆幅应保持一致。为了控制焊缝的熔宽及保证熔合质量，焊枪必须在一定范围内做摆幅一致的横向摆动。

四、CO_2气体保护焊操作实例

实例　低碳钢对接，V形坡口，横焊，单面焊双面成形

1. 试件尺寸及要求

（1）试件材料牌号：Q235B。

（2）试件及坡口尺寸：250 mm×150 mm×16 mm，共两件，机械加工下料，V形坡口，单面坡口角度30°+2°。

（3）焊接位置：横焊。

（4）焊接要求：单面焊双面成形。

（5）焊接材料：焊丝ER50-6，ϕ1.2 mm，纯度>99.5% CO_2。

（6）焊机：NB-400半自动CO_2焊机。

2. 试件装配

（1）打磨清理坡口面及其正反两侧 20 mm 范围内的油、锈及其他污物，直至露出金属光泽。管件装配成 V 形坡口的对接接头，1～2 mm 间隙，起焊部位间隙小，往后逐渐增大。

（2）采用与焊接试件相同牌号焊丝进行定位焊，位置在试板两端，长度为 10 mm。将定位焊缝接头端打磨成斜坡。

（3）定位焊须采用与正式焊接相同的焊接方法和焊接材料。

3. 焊接参数

（1）焊接电流：80～230 A。

（2）焊接电压：18～26 V。

（3）气体流量：15～25 L/min。

（4）焊丝干伸长度：15～18 mm。

（5）电流类型及极性：直流反接。

4. 操作要点及注意事项

（1）焊前应认真检查 CO_2 焊机送丝情况和气瓶压力以及气体流量。

（2）根据焊丝直径正确选择焊丝导电嘴。

（3）焊接时送丝软管必须拉顺，不能盘曲，送丝软管半径不小于 150 mm。施焊前应将送气软管内残存的不纯气体排出。

（4）检查导电嘴是否有磨损后孔径增大现象，如果导电嘴磨损严重后会引起送丝不稳定，从而焊接不能稳定。这就需重新更换导电嘴。

（5）在调试设备的小试板上进行焊接参数的调试，不允许直接在操作架上进行焊接参数的调试。更不宜在试件上进行焊接参数的调试，否则会影响到后续的试件焊接质量。

（6）焊接时应经常清理喷嘴的飞溅物，以保证喷嘴不被堵塞，影响气体保护效果。

（7）引弧常采用倒退引弧法，引弧前需要把焊丝端头剪掉。

（8）收弧时需要注意，即使填满弧坑，电弧熄灭，仍然要保持焊枪在弧坑处停留几秒后方可离开，保证熔池凝固时得到可靠的保护。

五、CO_2 气体保护焊设备

1. 焊机

近年来国产熔化极气体保护焊机发展迅速，已生产了逆变式熔化极气体保护焊电源，大大提高了设备的性能，减轻重量和减少能源消耗。这类焊机的外形如图 3-51 所示，型号及技术数据见表 3-20。

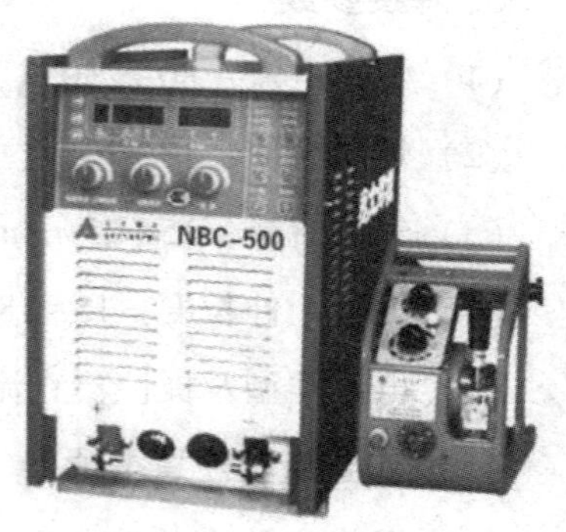

图 3-51　IGBT 逆变式 NBC 系列数字化 CO_2 气体保护焊机

表 3-20　国产逆变式 CO_2 气体保护焊机型号及技术数据

项目	焊机型号						
	NBC—160	NBC—200	NBC—250	NBC—315	NBC—400	NBC—500	NBC—630
电源电压　（V）	3 相，380，允许波动+10%～-15%						
频率　（Hz）	50/60						
负载持续率　（%）	60						
输入容量（kV·A）	5	8	12	16	24	32	43

续表

项目	焊机型号						
	NBC—160	NBC—200	NBC—250	NBC—315	NBC—400	NBC—500	NBC—630
空载电压　（V）	30	33	45	55	60	70	80
额定焊接电流（A）	160	200	250	315	400	500	630
电流调节范围（A）	40～160	50～200	60～250	70～315	80～400	100～500	110～630
电压调节范围（V）	16～22	17～24	17～27	18～30	18～34	18～39	19～44
重量　（kg）	30	35	40	40	45	45	50
外形尺寸　（mm）	610×300×400				610×310×400		
应用范围	这一系列半自动 CO_2 气体保护焊机采用电子电抗器和动态输出波形控制技术，即运用 20 kHz IGBT 模块逆变技术和 PWM 反馈控制系统，使焊机响应速度快、工作性能稳定可靠。由焊机、焊炬、送丝机和焊接电源组成，设有各种保护功能，具有功率因数高、效率高、体积小、重量轻、焊缝成形好等特点，适用于碳钢、合金钢、铜、钛等的焊接						

2. 焊接电源

CO_2 气体保护焊均使用平硬式缓降外特性的直流电源，要求具有良好的动特性。

3. 焊枪及送丝系统

焊枪按送丝方式可分为推丝式焊枪、拉丝式焊枪和推拉丝焊枪。送丝方式如图 3-52 所示。

（1）推丝式。推丝式焊枪与送丝机构分开，焊丝由送丝机构推送，通过软管进入焊枪。该结构简单、轻便，但送丝阻力大，软管长度只能为 3～5 m，不适合较细与较软材料的焊丝，用于铝焊丝则软管长度不超过 3 m。

（2）拉丝式。送丝机构和焊丝盘装在焊枪上，拉丝式焊枪的送

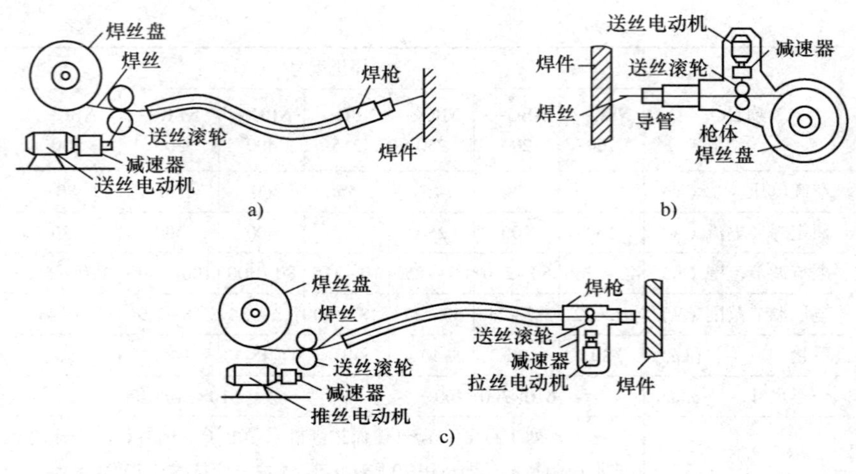

图 3-52　CO_2 气体保护焊送丝方式

a）推丝式　b）拉丝式　c）推拉丝式

丝速度均匀、稳定，但是焊枪比较大，只适合直径 0.5～0.8 mm 的焊丝。

（3）推拉丝式。焊丝盘与焊枪分开，送丝时以推为主、拉为辅，使焊丝在送进过程中受到推拉两个力的作用，以减少焊丝阻力。此种方式送丝速度稳定，软管也可延长到 15 m 左右，但结构较复杂。

按焊枪结构形式可将焊枪分为鹅颈式焊枪和手枪式焊枪，如图 3-53 和图 3-54 所示。

鹅颈式焊枪形似鹅颈，应用较广，用于平焊位置较方便。典型鹅颈式焊枪头部结构如图 3-55 所示。手枪式焊枪形似手枪，用来焊接水平面以外的空间焊缝较方便。当焊接电流较小时，两种焊枪都采用自然冷却。当焊接电流大于 350 A 时，最好采用水冷式。

4. 主要部件的作用和要求

（1）喷嘴。其内孔形状和直径的大小会直接影响保护区的大小

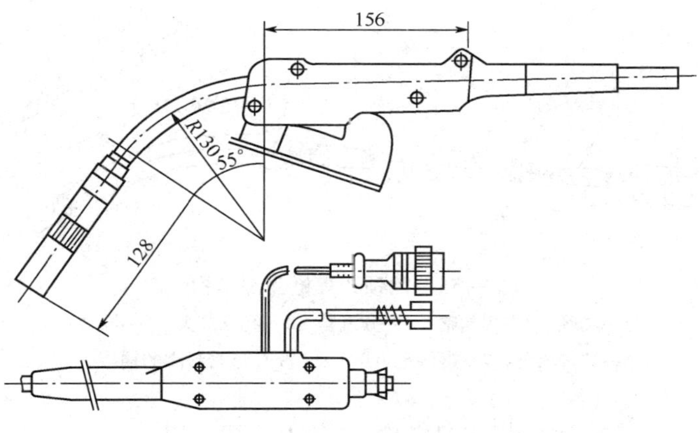

图 3-53　鹅颈式焊枪

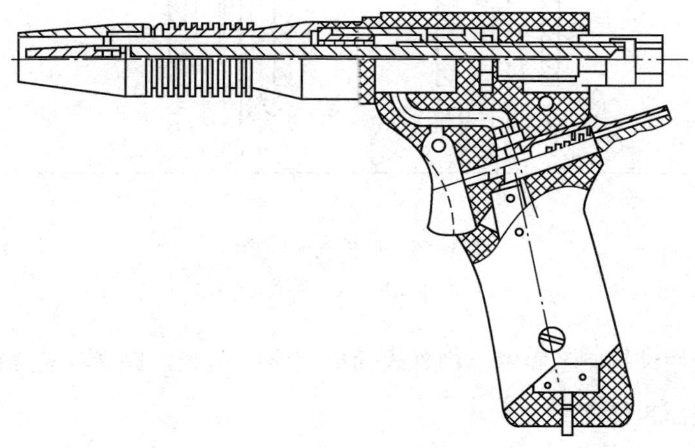

图 3-54　手枪式焊枪

和保护效果。要求从喷嘴喷出的保护气的形状为截头圆锥状层流，均匀地覆盖住焊接区，如图 3-56 所示。

喷嘴内孔的直径为 16~22 mm，不能小于 12 mm。为节省保护气体，便于观察熔池，喷嘴直径不宜过大。喷嘴材料一般为纯铜或陶

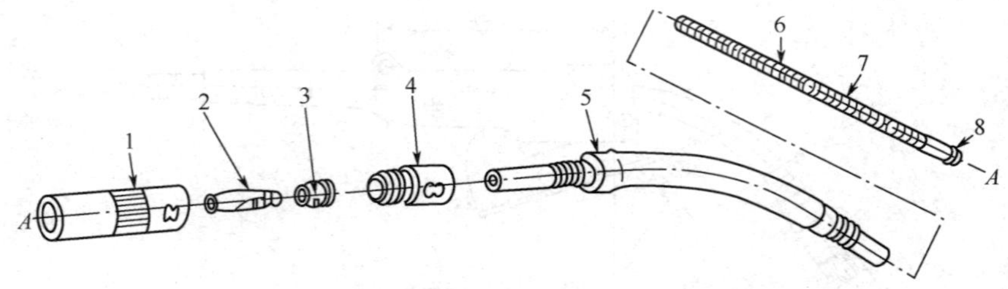

图 3-55　鹅颈式焊枪头部结构

1—喷嘴　2—焊丝嘴　3—分流器　4—绝缘接头　5—枪体
6—弹簧软管　7—塑料密封层　8—带 O 形密封圈的铜接头

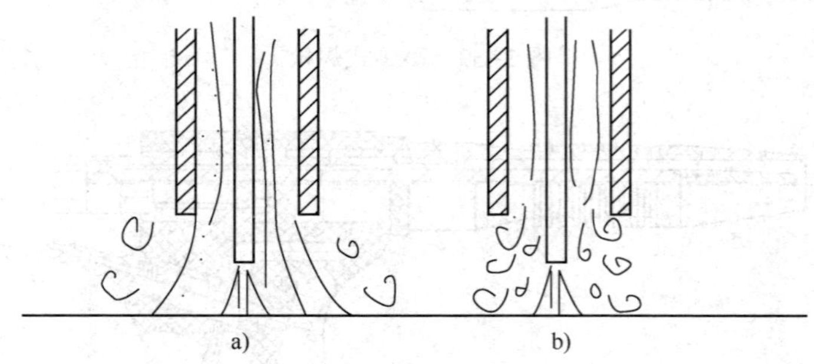

图 3-56　保护气流的形状

a）层流（好）　b）紊流（不好）

瓷。若用纯铜制造喷嘴，内外表面应镀铬并抛光，提高其表面硬度，降低表面粗糙度。

喷嘴有圆柱形，也有上大下小的正圆锥形，如图 3-57 所示。最常用的是圆柱形喷嘴。为提高保护效果，延长喷嘴使用寿命，焊前最好在喷嘴内外表面喷一层防飞溅喷剂或刷一层硅油。平时要及时清理粘在喷嘴上的飞溅，以

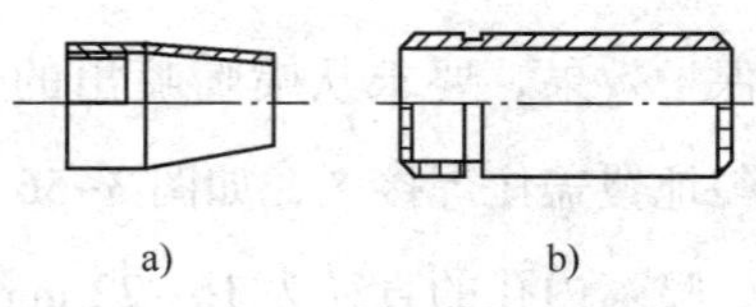

图 3-57　喷嘴形状

a）圆锥形　b）圆柱形

免喷嘴内外表面出现深的划痕。

（2）焊丝嘴。又叫导电嘴，其外形如图 3-58 所示。导电嘴常用纯铜、铬青铜或磷青铜制造。为保证导电性能好，减小送丝阻力和保证对中心，焊丝嘴的内孔直径必须按焊丝的材质和直径选取。若孔径太小，送丝阻力大，容易卡住焊丝，烧坏导电嘴；若孔径太大，则焊丝从焊丝嘴中送出后端部摆动得很厉害，造成焊缝不直，同时会降低保护效果。通常钢焊丝导电嘴的孔径比焊丝直径大 0.2 mm 左右，而铜或铝及它们的合金制导电嘴的孔径应比焊丝直径大 0.4～0.6 mm。

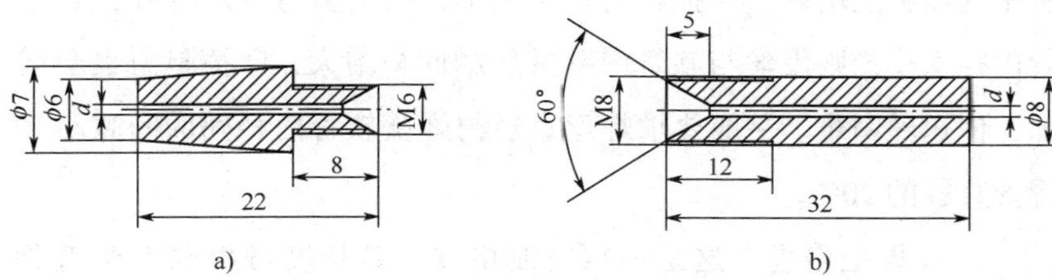

图 3-58　焊丝嘴

a）用于 φ1.6 mm 以下细丝　b）用于 φ2.0 mm 以上粗丝

（3）分流器。分流器用绝缘陶瓷烧制而成，上有均匀分布的小孔，形状如图 3-59 所示。

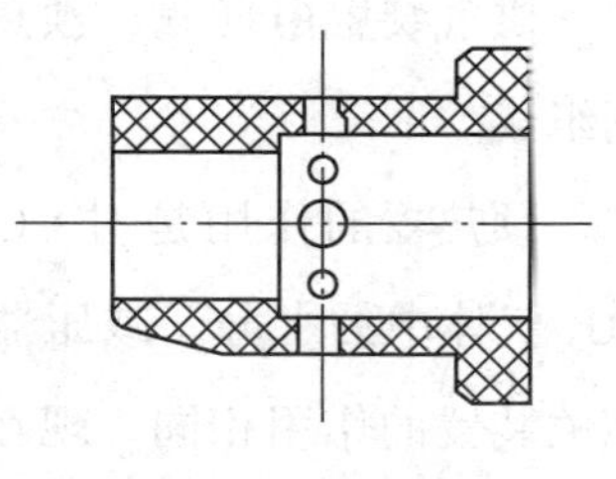

图 3-59　分流器

从枪体中喷出的保护气体经分流器后，分布会更均匀，使保护气从喷嘴中喷出时为均匀的层流，可改善保护效果。

（4）弹簧软管。弹簧软管一般是用 φ1.2 mm 弹簧钢丝绕成的密绕弹簧管，共有两根。

1）短弹簧软管。一端为带喇叭口的铜接头，装在枪体里面，末端正好顶住焊丝嘴。

2）长弹簧软管。一端为带有O形密封圈的铜接头，保证焊丝进入枪体处的气密性。弹簧软管外面涂着均匀的塑料层，起密封作用，防止保护气从弹簧间隙中漏出来。更换弹簧软管时，要保护好塑料层与O形密封圈，否则焊接时，保护气会从软管后面漏出，或从该处吸入空气，降低保护效果或出现气孔，影响焊接质量。

弹簧软管的内径对送丝阻力的影响很大。当焊丝直径一定时，若软管内径加大，则焊丝在软管内既容易产生弯曲变形，焊丝在软管中的接触点增多，摩擦阻力迅速增加，甚至会将焊丝卡死；若软管内径太小，则焊丝与软管内壁的接触面积增大，摩擦阻力也会增加，使送丝困难。一般要求焊丝直径与弹簧软管内径间的间隙小于焊丝直径的20%。

（5）焊把电缆。这是一根特制电缆，其长度可根据生产需要选用。

5. 供气装置

供气装置由气瓶、预热器、干燥器、减压器、流量计及电磁气阀组成。

预热器的作用是对 CO_2 气体进行加热。干燥器的作用是减少 CO_2 气体中的水分。减压器、流量计及电磁气阀和氧气瓶、乙炔瓶相关装置的作用相同。现在生产的减压流量调节器将预热器、减压器和流量计合为一体，使用十分便利。

6. 控制系统

CO_2 气体保护焊控制系统的作用是对供气系统、送丝系统和供电系统实现控制，其控制程序如图 3-60 所示。

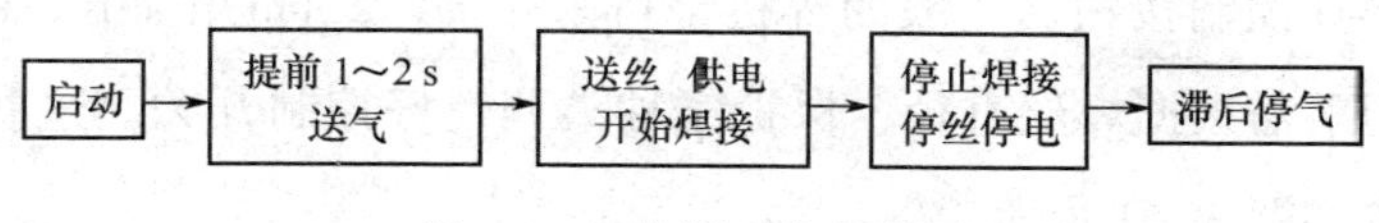

图 3-60　控制系统程序图

提前送气和滞后关气都是为了保护电弧空间。

7. 焊机的安装与使用

（1）焊机的安装。安装焊机前必须先认真阅读设备使用说明书，搞清基本要求后，才能按下述步骤进行安装。

1）查清电源电压、开关和熔丝容量并须符合铭牌要求。

2）焊机外壳已接好地线。

3）用电缆将焊机的输出端接好。CO_2 气体保护焊通常都是直流反接，可获得较大的熔深和较高的生产率，需将正极与送丝机连接，负极连接工件。若进行堆焊，为减小稀释率，最好采用直流正接，两根电缆的接法正好相反。

4）接好遥控盒插头。

5）将流量计至焊机、焊机至送丝机间的送气软管接好。

6）将 CO_2 气体保护焊减压调压器上的预热器的电缆插头插在焊机上。

7）将焊枪与送丝机连接好。

8）若焊机或焊枪需水冷却，则接好冷却系统。

9）接好焊机和电源开关间的导线，若焊机固定不动，则电缆最好走地下管道。

（2）焊机的使用与调整方法

选择控制按钮。一般的焊机都可采用 ϕ1.2 mm 和 ϕ1.6 mm 焊丝，焊前需根据焊丝直径、保护气种类调整好控制开关。这些开关的位置如图 3-61 所示。

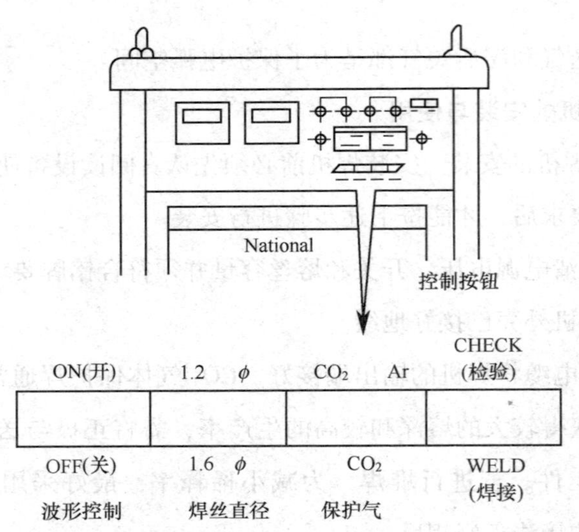

图 3-61　调整控制开关示意图

这些开关焊前必须调整好，焊接时不再调整。

（3）焊丝的安装

1）将焊丝盘装在轴上，并锁紧，注意焊丝从下面进入送丝机，方向勿装反。

2）将压紧螺栓松开，逆时针转至水平位置，将压力臂顺时针搬起，如图 3-62 所示。

3）将焊丝通过矫直轮及送丝轮，与焊丝直径对应的 V 形槽插入导管电缆 20~30 mm。

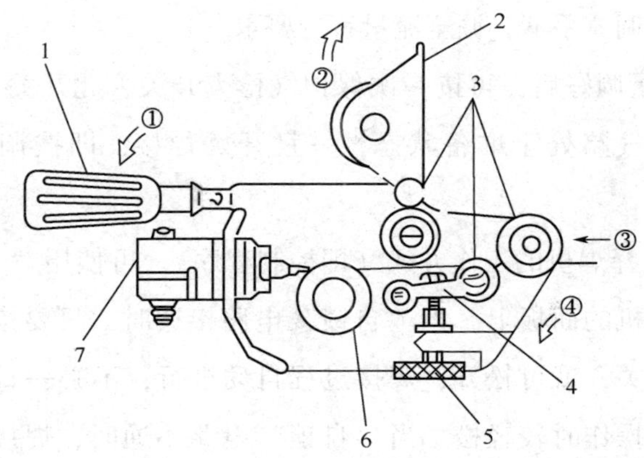

图 3-62　装焊丝步骤

1—压紧螺栓　2—压力臂　3—矫直轮　4—活动矫正臂

5—矫直调整螺钉　6—送丝轮　7—焊枪电缆插座

4）放回压力臂及压紧螺栓，并拧至要求的刻度（保证焊丝的正压力合适）。

5）调整矫直轮压力，矫正调整螺钉的最佳位置：如使用 $\phi1.2$ mm 的焊丝，螺钉完全拧紧后再松开 1/4 圈；如使用 $\phi1.6$ mm 的焊丝，完全拧紧。

6）按手动的按钮快速送丝，直到焊丝头超过导电嘴 10~20 mm 为止。

（4）减压调压阀的安装

1）站在气瓶阀侧面，先开阀门试吹一下，吹净瓶口上的灰尘及脏物，并检查是否有气。

2）装上减压调压器，并拧紧螺母（顺时针方向），然后缓慢打开瓶阀，高压表应有读数，接头处不能漏气。

3）按下焊机面板上的保护气检查开关，此时电磁气阀打开，慢慢拧开流量调节手柄，调至流量符合要求。

4）流量调好后，再按一次保护气检查开关，此开关自动复位，气阀关闭，气路处于准备状态，一旦开始焊接，即按调好的流量供气。

（5）选择焊机的工作方式（即控制程序）。可使用“自锁”，此开关在电焊机的面板上，当“自锁”电路接通时，只要按一下焊枪上的控制开关，就可松开，焊接过程自动进行，不必一直按住焊枪上的开关，操作时较轻松。当“自锁”电路不通时，焊接过程中必须一直按住控制开关才能焊接。只要松开此开关，焊接过程立即停止。

CO_2 气体保护焊常用辅助工具与焊条电弧焊基本类似，这里不再重复介绍。

模块 4　气　　焊

一、气焊的特点与应用

气焊是利用气体火焰作为热源，加热并熔化焊件和填充金属的一种焊接方法。用作气焊热源的气体火焰常用氧乙炔焰，乙炔与纯氧燃烧的火焰温度可达 3 000 ~ 3 300 ℃，燃烧热量大，热量比较集中，可以用来焊接。气体火焰加热并熔化焊件和填充金属，形成熔池，气体火焰还保护熔池金属，隔绝空气，随着气体火焰向前移去，熔池金属冷却凝固，形成焊缝。

气焊与焊条电弧焊相比，由于气体火焰的温度比电弧低，热量也比电弧分散，因此，气焊的生产率较低，尤其是对中厚板焊接；焊接变形严重，焊接接头的性能也较差。但气焊熔池温度与熔透容易控制，容易实现单面焊双面成形；此外，气焊还便于预热和后热，且不需要电源。因此，气焊常用于薄板焊接、管子焊接、铸铁焊补和没有电源的野外施工等。

二、气焊用气体

气焊常用的气体火焰是氧乙炔焰，因此，气焊常用气体有乙炔和氧气。

1. 乙炔

乙炔是一种无色的碳氢化合物，其化学分子式为 C_2H_2，在压力为 0.1 MPa 和温度为 20 ℃时，1 m^3 乙炔重 1.1 kg，比空气轻（1 m^3 空气重 1.3 kg）。工业用乙炔因含有硫化氢和磷化氢等杂质，带有强烈的臭味，吸入过多时会引起中毒。乙炔主要理化性质：易溶于丙酮、易燃、易爆炸。

2. 氧气

氧气是一种无色、无味、无毒的气体，其化学分子式为 O_2。氧在空气中占 21%。当温度降至−183 ℃时，氧气由气态变为液态。氧气有如下特点：

（1）氧气是助燃气体。可燃气体与氧气燃烧比在空气中燃烧更为激烈，燃烧的温度更高。有的金属在空气中不能燃烧，但与压缩纯氧气流作用能够燃烧。

（2）压缩纯氧与油脂等可燃物接触，能发生自燃，甚至引起火灾和爆炸。

（3）氧气几乎能与所有的可燃气体、蒸气混合形成爆炸性混合物，其爆炸极限比可燃气与空气混合的爆炸极限宽。例如，乙炔与空气混合的爆炸极限为2.2%～81%，乙炔与氧气混合的爆炸极限为2.3%～93%。

三、气焊设备与工具

气焊设备包括氧气瓶、乙炔瓶（如采用乙炔作为可燃气体）、减压器、回火保险器、焊炬和氧气胶管、乙炔胶管等，如图3－63所示。

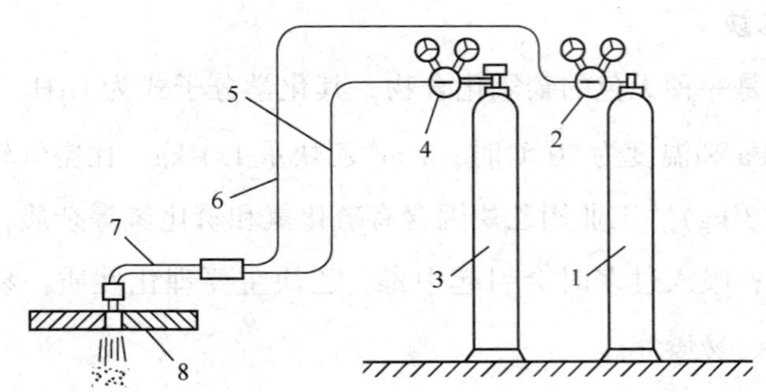

图3-63　气焊设备

1—乙炔瓶　2—乙炔减压器　3—氧气　4—氧气减压器
5—氧气胶管　6—乙炔胶管　7—焊炬　8—焊件

1. 气瓶

气焊常用的气瓶有氧气瓶、溶解乙炔瓶和液化石油气瓶等，它们分别属于压缩气瓶、溶解气瓶和液化气瓶。

（1）氧气瓶。氧气瓶主要由瓶体、瓶阀和瓶帽等组成，此外还有防振圈。瓶阀是控制瓶内氧气进出的阀门，使用时，将手轮逆时针旋转，则可开启瓶阀，顺时针旋转则关闭瓶阀。氧气瓶外表面涂天蓝色漆，并写上“氧”字。氧气瓶的构造如图3-64所示。

氧气瓶工作压力15 MPa，水压试验压力22.5 MPa。氧气瓶的容积一般为40 L，重量约55 kg。

（2）乙炔瓶。乙炔瓶主要由瓶体、瓶阀、瓶帽和多孔性填料等组成，瓶体外还有防振圈，如图3-65所示。

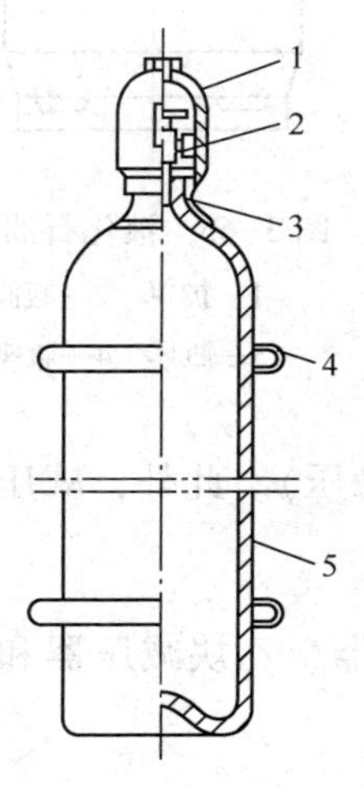

图3-64　氧气瓶的构造

1—瓶帽　2—瓶阀　3—瓶箍　4—防振圈　5—瓶体

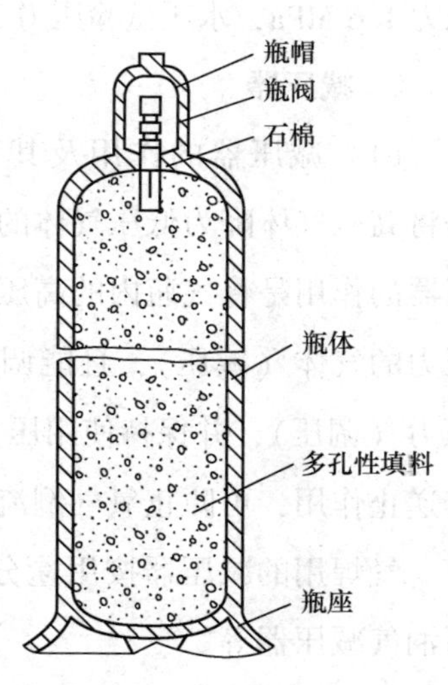

图3-65　乙炔瓶

瓶体外表为白色，漆有“乙炔”和“不可近火”字样。瓶内装满了浸满丙酮的多孔性填料，丙酮溶解了大量乙炔。瓶阀下面的填料中心部分的长孔内放有过滤用的不锈钢丝和石棉（或毛毡），其作用是帮助乙炔从多孔性填料中分解出来。

常用乙炔瓶的工作压力1.47 MPa，设计压力3 MPa，水压试验压力 6 MPa。气瓶容积约 40 L，每瓶溶解乙炔 5~7 kg，瓶重约 60 kg。

（3）液化石油气瓶。液化石油气瓶由瓶体、瓶阀、瓶座和护罩等组成，如图 3-66 所示。气瓶外表面为银灰色，漆有“液化石油气”字样。液化石油气瓶储量有 10 kg、15 kg、30 kg、50 kg 等。液化石油气瓶工作压力 1.6 MPa，水压试验压力 3.2 MPa。

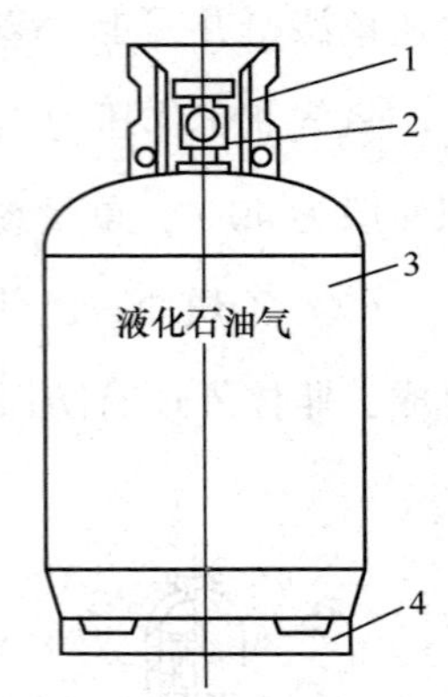

图 3-66　液化石油气瓶

1—护罩　2—瓶阀

3—瓶体　4—瓶座

2. 减压器

（1）减压器的作用及其种类。减压器是将高压气体降为低压气体的调节装置。减压器的作用是将气瓶内的高压气体降为使用压力的气体（减压），且能调节所需的使用压力（调压），并保持使用压力稳定不变（稳压）。此外，减压器还有逆止作用，可防止氧气倒流进入可燃气瓶。

气焊用的减压器按用途分，有氧气减压器、乙炔减压器和液化石油气减压器等。

（2）QD-1 型氧气减压器。QD-1 型氧气减压器的构造和工作示意如图 3-67 所示。氧气减压器是用螺纹与氧气瓶连接的。减压器不工作时，调压螺钉松开，减压活门关闭。打开氧气瓶瓶阀后，高压气体进入高压室，高压表指示气瓶内气体的压力，活门紧闭。减压器工作时，拧紧调压螺钉，顶开活门，高压气体进入低压室，由于气体体积膨胀，使气体压力降低。这就是减压作用。低压气体不输出时，低压室的气体压力增高，通过弹性薄膜压缩调压弹簧，关闭活门。气焊时，低压气体输出，低压室气体压力减小，调压弹簧将活门顶开，高压气体又进入低压室，使低压室气体压力回升到原来调节的使用压力。调压弹簧根据低压室气体压力自动启闭活门，保持低压室气体压力稳定。所需的使用压力通过调压螺钉调节调压弹簧获得。

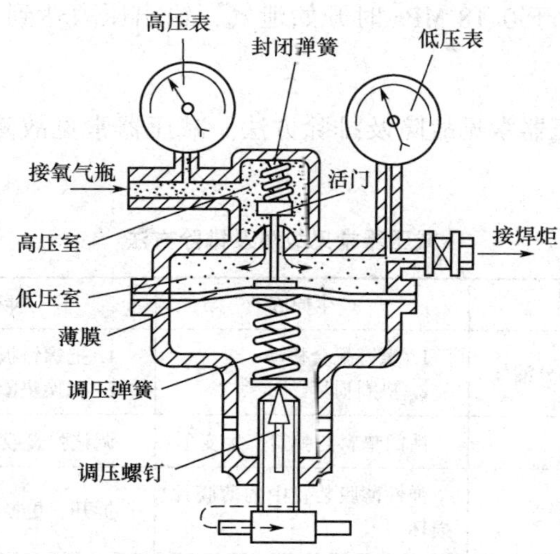

图 3-67　减压器构造和工作示意图

（3）QD-20 型乙炔减压器。QD-20 型乙炔减压器的外部构造如图 3-68 所示，其工作原理与 QD-1 型氧气减压器一样。

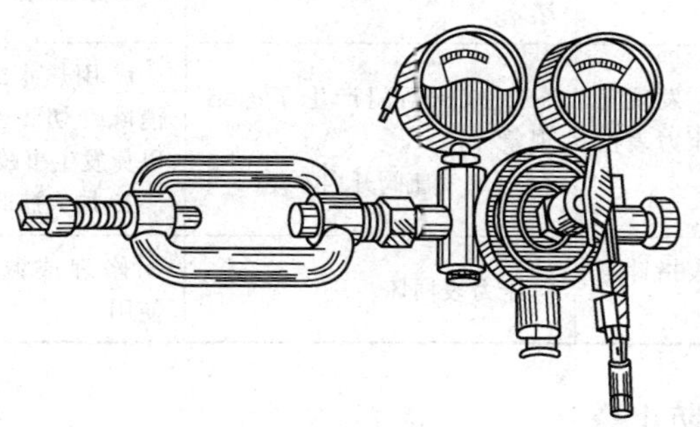

图 3-68　带夹环的乙炔减压器

乙炔瓶的瓶阀没有带螺纹的侧接头，所以乙炔减压器是用专用的夹环与乙烘瓶瓶阀连接的。压力表上均有指示该压力表最大许可工作压力的红线，以便使用时严格控制。乙炔减压器装有安全阀，在输出压力大于0.18 MPa时开始泄气，输出压力达到0.24 MPa时完全打开。

（4）减压器常见故障及排除方法。减压器常见故障及排除方法见表3-21。

表3-21　　减压器常见故障及排除方法

故障特征	产生原因	排除方法
减压器连接部分漏气	1. 螺钉配合松动 2. 垫圈损坏	1. 把螺钉扳紧 2. 调换垫圈
安全阀漏气	活门垫料与弹簧产生变形	调整弹簧或更换活门垫料
减压器罩壳漏气	弹性薄膜装置中的薄膜片损坏	拆开、更换薄膜片
调压螺钉虽已旋松，但低压表有缓慢上升的自流现象（或称直风）	1. 减压活门或活门座上有垃圾 2. 减压活门或活门座损坏 3. 副弹簧损坏	1. 去除垃圾 2. 调换减压活门 3. 调换副弹簧
减压器使用时压力下降过大	减压活门密封不良或有堵塞	去除堵塞和调换密封垫料
工作过程中，发现气体供应不足或压力表指针有较大摆动	1. 减压活门产生了冻结现象 2. 氧气瓶阀开启不足	1. 用热水或蒸气加热方法消除，切不可用明火加温，以免发生事故 2. 加大瓶阀开启程度
高、低压力表指针不回到零值	压力表损坏	修理或调换压力表后再使用

3. 回火防止器

气体火焰进入喷嘴逆向燃烧的现象称为回火现象。在正常情况下，喷嘴里混合气流出速度与混合气燃烧速度相等，气体火焰在喷嘴口稳定燃烧。如果混合气流出速度比燃烧速度快，则火焰离开喷嘴一段距离再燃烧。如果喷嘴里混合气流出速度比燃烧速度慢，则气体火焰就进入喷嘴逆向燃烧。这是发生回火的根本原因。造成气体流出速度比燃烧速度慢的主要原因如下：

（1）焊炬和焊嘴太热，混合气在喷嘴内就已开始燃烧。

（2）焊嘴堵塞，混合气不易流出。

（3）焊嘴离工件太近，喷嘴外气体压力大，混合气不易流出。

（4）乙炔压力过低或输气管太细、太长、曲折、堵塞等。

（5）焊炬失修，阀门漏气或射吸性能差，气体不易流出等。

气焊过程中发生回火时，应立即关闭调节阀，分析发生回火的原因，采取措施，防止回火再次发生。

回火保险器也叫回火保险器，是装在燃气管路上防止向气源回烧的保险装置。其作用是在气焊过程发生回火时，能有效地截住回火，阻止回火火焰逆向燃烧到气源而引起爆炸。简而言之，回火保险器的作用就是阻止回火。

乙炔瓶常用干式回火保险器。中压干式回火保险器主要有中压泄压膜式和多孔陶瓷管式（粉末冶金片式）两种，常用的多孔陶瓷管式中压干式回火保险器的构造如图 3–69 所示。

干式回火保险器能有效阻止回火，体积小，重量轻，不需要加水，不受气候条件限制，但对乙炔要求清洁和干燥。每月要检查一次并清洗残留在干式回火保险器内的烟灰和污迹，以保证气流畅通，工作可靠。此外，每一把焊炬，都必须与独立的、合格的干式回火保险器配用。

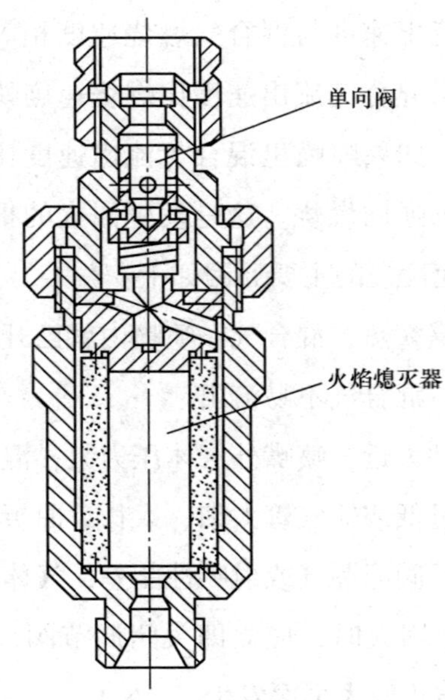

图 3-69　多孔陶瓷管式中压干式回火保险器的构造

4. 焊接工具

（1）焊炬。焊炬是气焊时用于控制气体混合比、流量及火焰并进行焊接的工具。焊炬有射吸式焊炬和等压式焊炬两种，常用的是射吸式焊炬。射吸式焊炬是利用压力较高的氧气从中心喷射出来，周围形式负压，吸出低压乙炔然后混合的一种焊炬。它适用于低压乙炔，也可用于中压乙炔，应用较为广泛。国产射吸式焊炬的型号及其主要技术参数见表 3-22。

焊炬型号中，“H”表示焊炬，“0”表示手工，“1”表示吸式，短杠后的数字表示焊接低碳钢最大厚度，单位为 mm。H01-6 型焊炬构造如图 3-70 所示。

表 3-22　射吸式焊炬的型号及其主要技术参数

焊炬型号	H01-2					H01-6					H01-12					H01-20				
焊嘴号码	1	2	3	4	5	1	2	3	4	5	1	2	3	4	5	1	2	3	4	5
焊嘴孔径/mm	0. 5	0. 6	0. 7	0. 8	0. 9	0. 9	1. 0	1. 1	1. 2	1. 3	1. 4	1. 6	1. 8	2. 0	2. 2	2. 4	2. 6	2. 8	3. 0	3. 2
氧气压力/MPa	0. 1	0. 13	0. 15	0. 2	0. 25	0. 2	0. 25	0. 3	0. 35	0. 4	0. 4	0. 45	0. 5	0. 6	0. 7	0. 6	0. 65	0. 7	0. 75	0. 8
乙炔压力/MPa	0. 001~0. 1					0. 001~0. 1					0. 001~0. 1					0. 001~0. 1				
氧气消耗量/(m^3/h)	0. 03	0. 05	0. 07	0. 10	0. 15	0. 15	0. 20	0. 24	0. 28	0. 37	0. 37	0. 49	0. 65	0. 86	1. 10	1. 25	1. 45	1. 65	1. 95	2. 25
乙炔消耗量/(L/h)	40	55	80	120	170	170	240	280	330	430	430	580	780	1 050	1 210	1 500	1 700	2 000	2 300	2 600
焊接厚度/mm	0. 5~0. 7	0. 7~1. 0	1. 0~1. 2	1. 2~1. 5	1. 5~2	1~2	2~3	3~4	4~5	5~6	6~7	7~8	8~9	9~10	10~12	10~12	12~14	14~16	16~18	18~20

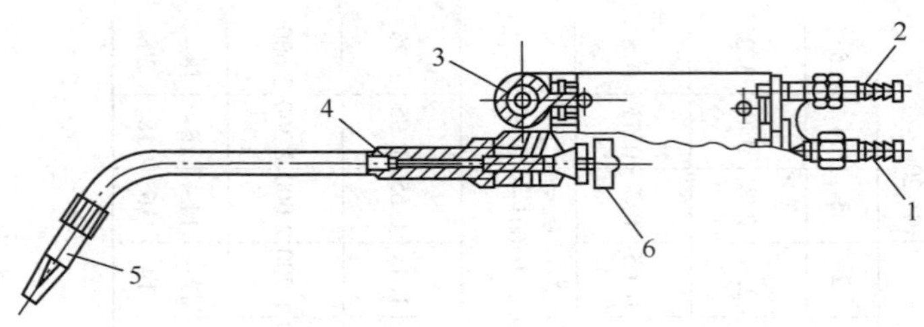

图3-70　H01-6型射吸式焊炬
1—氧气接头　2—乙炔接头　3—乙炔调节阀
4—混合气管　5—焊嘴　6—氧气调节阀

（2）胶管。国产胶管是用优质橡胶掺入麻织物或棉织纤维制造的。胶管有氧气胶管、乙炔胶管和液化石油气胶管。

氧气胶管内径有 8 mm、10 mm 等，工作压力为 2 MPa，试验压力为 4 MPa，爆破压力不低于 6.0 MPa。乙炔胶管内径有 8 mm、10 mm 等，工作压力为 0.3 MPa，试验压力为 0.6 MPa，爆破压力为 0.9 MPa。液化石油气胶管必须使用耐油橡胶管，爆破压力应大于 4 倍工作压力。GB/T 2550—2016《气体焊接设备　焊接、切割和类似作业用橡胶软管》规定氧气胶管为蓝色，乙炔胶管为红色，液化石油气胶管为橙色。

胶管长度一般不小于 5 m。若操作地点离气源较远时，可用软管接头把两根胶管连接起来，但必须用卡子或细铁丝扎牢。

（3）护目镜。气焊时应戴护目镜。护目镜的作用是保护眼睛不受火焰亮光刺激，清楚地观察熔池并进行操作，还可防止飞溅伤害眼睛。护目镜的颜色和深浅，应根据焊工视力和工作性质等来选择，一般用 3~7 号的黄绿色镜片。

（4）其他工具。气焊还应具备其他工具，如清理焊缝用的工具

(如钢丝刷等)，连接和启闭气体通路的工具（如钢丝钳、活动扳手、铁丝等)，清理焊嘴的工具（如通针等)。焊工应具有粗细不同的钻头状的或三棱式等钢质通针一组，以便清除喷嘴内的堵塞物。

四、气焊工艺

1. 气焊火焰

气焊时，气体火焰是气焊的热源；起机械保护作用，隔绝空气；与熔池金属发生一些化学冶金反应，影响焊缝的化学成分，对气焊的质量有很大影响。

气焊常用的气体火焰是乙炔和氧气混合燃烧所形成的火焰，称为氧乙炔焰。氧乙炔焰的燃烧过程有3个阶段：

第一个阶段是乙炔分解：$C_2H_2 \rightarrow 2C+H_2$。

第二个阶段是游离碳与纯氧（即混合气中的氧）燃烧：$2C+O_2 \rightarrow 2CO$。这是可燃性气体在预先混合好的氧气中燃烧，称一次燃烧。一次燃烧形成的火焰称为一次火焰。

第三个阶段是一次燃烧的中间产物与外围空气再次反应而生成稳定的最终产物的燃烧，称为二次燃烧。二次燃烧形成的火焰称为二次火焰。其化学反应方程式为：$2CO+H_2+1.5O_2 \rightarrow 2CO_2+H_2O$。

氧乙炔焰按氧乙炔混合比（氧气与乙炔的混合比例）或者按火焰的性质分为中性焰、碳化焰和氧化焰3种。

(1) 中性焰。中性焰是氧乙炔混合比为1.1~1.2时燃烧所形成的。中性焰由焰心、内焰和外焰3个部分组成，如图3-71a所示。

焰心呈亮白色，是乙炔分解为游离碳和氢的区域，即燃烧的第一个阶段。由于游离碳很多，所以很亮。内焰是一次燃烧区，即游离碳与预先混合好的氧燃烧。中性焰的内焰区，既无过量氧又无游离碳，所以呈暗紫色，不易分清。中性焰的内焰是一氧化碳和氢，因此，具有一定的还原性。外焰是二次燃烧区，即一氧化碳和氢与外围空气中的氧燃烧，生成二氧化碳和水蒸气。

中性焰的主要特征是亮白色的焰心端部有淡白色火苗时隐时现地跳动，在离焰心前面2~4 mm的内焰处温度最高，达3 150 ℃左右。

气焊一般都可以采用中性焰（黄铜气焊除外），它广泛地用于低碳钢、中碳钢、普通低合金钢、不锈钢、铝及铝合金等金属材料的气焊。

（2）碳化焰。碳化焰是氧乙炔混合比小于1.1时的混合气燃烧形成的火焰。火焰中含有游离碳，具有较强的还原作用，还有一定的渗碳作用。碳化焰的主要特征是焰心、内焰和外焰区分很明显，内焰呈淡白色，界线清楚，焰心也呈亮白色（有很多游离碳）。碳化焰的最高温度不超过3 000 ℃。轻微的碳化焰可用于铸铁、高碳钢、高速钢等气焊和硬质合金堆焊、钎焊等。

（3）氧化焰。氧化焰是氧乙炔混合比大于1.2时的混合气燃烧形成的火焰，火焰中有过量的氧，在尖形焰心外面形成一个有氧化性的富氧区的火焰。氧化焰的主要特征是焰心颜色不很亮，既没有淡白色的内焰，焰心端部也没有淡白色火苗跳动，焰心外面没有内焰外焰之分。氧化焰有氧化性。氧化焰最高温度可达3 300 ℃。气焊一般不用氧化焰，只有在气焊黄铜、锡青铜和镀锌铁皮等时才采用轻微氧化焰，以利用其氧化性，生成一层氧化物薄膜覆盖在溶池表面上，减少低沸点的锌、锡的蒸发。

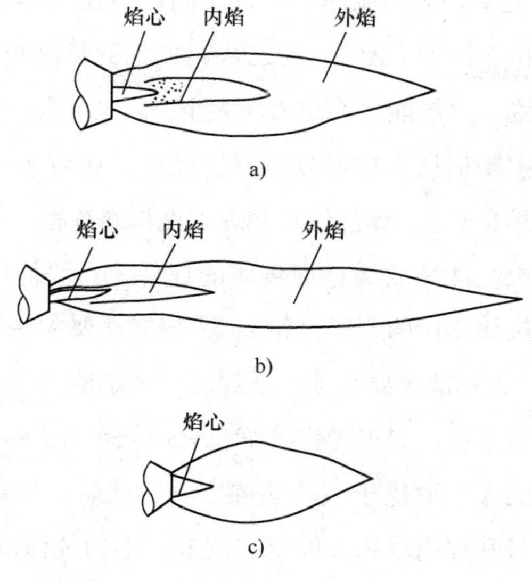

图 3-71　氧乙炔焰

a）中性焰　b）碳化焰　c）氧化焰

2. 气焊焊接参数

气焊焊接参数有焊丝直径、火焰能率、气体压力、焊嘴倾角和焊接速度等。

（1）焊丝直径。气焊焊丝直径主要根据焊件厚度选择，见表 3-23。此外，焊丝直径的选择还应考虑火焰大小、焊接位置、焊接方向等。火焰大时，焊丝宜粗些。平焊时，焊丝直径可比非平焊时大 1 号。右向焊的焊丝可比左向焊时焊丝粗一些。

表 3-23　　气焊焊丝直径选择　　mm

焊件厚度	1~2	2~3	3~5
焊丝直径	1~2	2	2~3

（2）火焰能率。火焰能率是单位时间内可燃气体燃烧放出的能量（热量），用每小时可燃气体（乙炔）的消耗量（单位：L/h）来表示。通俗地说，火焰能率就是火焰大小。

火焰能率主要根据焊件厚度选择。此外，还应考虑焊件材料种类（导热性、熔点等）、焊接位置和焊工操作熟练程度等因素。焊接厚大的焊件，火焰能率要大；焊接薄的焊件，火焰能率要小，否则容易烧穿。焊接导热快的金属（铜），火焰能率要大些。焊接熔点低的金属（铅），火焰能率要小些。平焊时，火焰能率可大些；非平焊时，火焰能率应小些。焊工操作熟练，火焰能率可大一些。

火焰能率的大小取决于氧乙炔混合气的流量。气体流量的粗调靠更换焊炬型号和焊嘴号码，细调靠调节焊炬的气体调节阀。因此，火焰能率的选择方法，主要根据焊件厚度和焊件材料种类，选择焊炬型号大小和焊嘴号码，然后再考虑其他因素，调节火焰大小，经试焊调整。

（3）气体压力。气焊时气体压力主要是氧气压力，还有乙炔气压力。气焊时，氧气压力一般在0.2~0.4 MPa，乙炔压力不超过0.1 MPa。氧气和溶解乙炔瓶的乙炔压力，均需通过调节减压器获得所需压力。

（4）焊嘴倾角。焊嘴倾角是指焊嘴与焊件的倾斜角度，也就是焊嘴中心线与焊件平面之间的夹角α，如图3-72所示。正常焊接时的焊嘴倾角主要根据焊件厚度选择，可参照表3-24选择。

（5）焊接速度。焊接速度应根据焊件厚度和所需的熔宽而定。对于一定厚度的焊件，为了获得所需的熔深和熔宽，焊工要掌握相应的焊接速度。

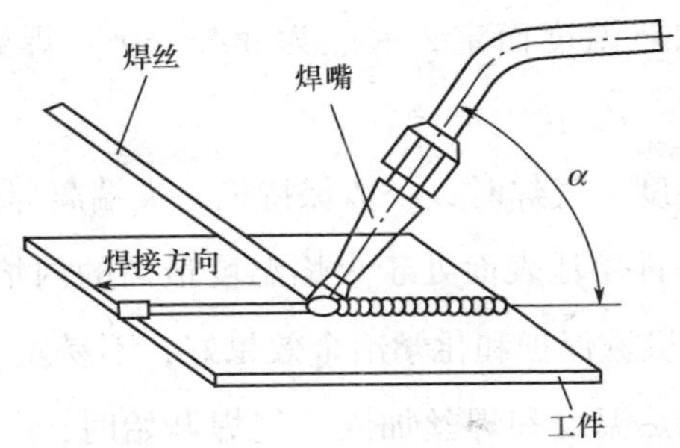

图 3-72　焊嘴倾角

表 3-24　　气焊低碳钢的焊嘴倾角（左向焊）

焊件厚度/mm	<1	1~3	3~5	5~7	7~10	10~15	>15
焊嘴倾角 α	20°	30°	40°	50°	60°	70°	80°

3. 气焊基本操作要点

对接接头平焊的气焊操作要点主要有点火、灭火、调节火焰性质、焊嘴角度、火焰高度、焊件加热温度、焊丝加入、焊接速度、焊缝接头与收尾等。

（1）点火、灭火和调节火焰性质。使用射吸式焊炬，一般应先少开一点氧气调节阀，再开乙炔调节阀，用明火点燃。点火后，根据焊件材料种类和焊件厚度等，调节所需的火焰性质和大小。除了气焊黄铜外，气焊一般都可用中性焰。灭火时，先关乙炔调节阀，再关氧气调节阀。如果火焰比较小时，还可以先开点氧气，再关乙炔调节阀，最后关氧气调节阀，这样可避免鸣爆现象（“放炮”）。

（2）焊嘴倾角。焊嘴要对正焊件接缝，即焊嘴在通过焊缝的垂直面里。焊嘴倾角在开始加热时要大，甚至垂直；正常焊接时，根据焊件厚度和加热温度而定，一般为30°~50°；焊到焊件边缘时，焊嘴倾角要减小。

（3）火焰高度。气焊时，一般保持焰心尖端离焊件熔池表面2~4 mm。这样，焊件熔池表面处于火焰温度最高的内焰部位，加热速度快，效率高，机械保护和化学冶金效果好，不易发生回火现象。

（4）焊件加热温度和焊丝加入。气焊开始时，一定要把工件加热到熔化，形成熔池，然后再添加焊丝。添加焊丝时，把焊丝往熔池插入，随即又稍提起焊丝，再根据所需的填充金属多少和熔池温度往下加。焊件还没有熔化时，不能用火焰将焊丝熔化滴下去，否则会产生未熔合缺欠。焊件加热温度过高，熔池下塌时，应多加焊丝，把热量多用于熔化焊丝上，防止烧穿。

（5）焊接速度。焊接速度根据所需的熔深和熔宽而定，保持熔池宽度相同，均匀向前移动。必要时焊嘴可以横向摆动和上下跳动。观察到熔池中有气泡往外冒时，火焰要稍加停留，让气泡逸出，以防产生气孔。

（6）焊缝接头与收尾。焊接中途停顿后，又在焊缝中断处接着焊接时，应用火焰将原溶池周围充分加热，待原熔池及附近焊缝金属重新熔化，形成熔池，方可熔入焊丝，并注意焊丝熔滴与已熔化的原焊缝金属充分熔合。焊接重要焊件时，与原焊缝必须重叠8~10 mm。

焊到焊件边缘、焊缝终端时，应减小焊嘴倾角，多加焊丝，火焰要上下起落几次，既可避免烧穿，又可使气泡逸出熔池，防止产生气孔，并填满焊坑。

五、气焊操作实例

实例 管–管对接气焊

1. 接头形式

气焊管道时，一般采用对接接头。管道的用途不同，对焊接质量的要求也不同。重要的管道要求单面焊双面成形，以满足较高工作压力的要求；工作压力要求较低的管道，对焊缝接头只要求不泄漏，并达到一定强度即可。重要管道的焊接，当壁厚小于 3 mm 时，可不开坡口；若壁厚大于 3 mm，为了保证焊缝全部焊透，须开 V 形坡口，并留有钝边。管道进行气焊时的坡口形式及尺寸见表 3–25。

表 3–25　　管子的破口形式及尺寸

管壁厚度/mm	≤2. 5	≤6	6~10	10~15
坡口形式	—	V 形	V 形	V 形
坡口角度	—	60°~90°	60°~90°	60°~90°
钝边/mm	—	0. 5~1. 5	1~2	2~3
装配间隙/mm	1~1. 5	1~2	2~2. 5	2~3

2. 焊前准备

（1）清理。管道进行气焊时，要对管口 20 mm 范围内的脏物进行清理，以保证焊缝质量。

（2）定位焊。对直径不超过 70 mm 的管子，一般只需点焊两处，对直径 70~300 mm 的管道可定位焊 4~6 处。不论管径大小，定位焊的位置要均匀、对称布置。焊接时的起焊点应在两个定位焊位置的中间。

（3）操作要点

1）转动管道焊接时，由于管道可以自由转动，焊缝熔池始终可以控制在方便的位置施焊。若管壁较薄（管壁小于2 mm），最好将管道焊接处转到水平位置施焊；对于管壁较厚和开有坡口的管道，不应在水平位置焊接。因为管壁厚，填充金属多，加热时间长，若采用平焊，不易得到较大的熔深，不利于焊缝金属的堆高，同时焊缝表面成形也不美观，通常采用爬坡位置，即半立焊位置施焊。

①若采用左焊法，则应始终控制在与管道水平中心线夹角50°~70°的范围内进行焊接，这样可以加大熔深，并易于控制熔池形状，使接头全部焊透；同时被填充的熔滴金属自然流向熔池下边，使焊缝堆高快，并有利于控制焊缝的高低，更好地保证焊缝质量。

②若采用右焊法，因火焰吹向熔化金属部分，为了防止熔化金属被火焰吹成焊瘤，熔池应控制在与垂直中心线夹角10°~30°的范围进行焊接。

2）垂直固定管道焊接

①焊接方法。对开有坡口的管子若采用左焊法，须进行多层焊。若采用右焊法，对于壁厚在7 mm以下的垂直管子的横缝，操作熟练的焊工可以做到单面焊双面成形一次焊成，这样可以大大提高工作效率。

②焊接参数。火焰能率：与焊接一般工件相同或稍小。火焰性质：中性焰或轻微碳化焰。焊嘴倾角：与管道轴向夹角约为80°，如图3-73所示。焊炬倾角：与管道切线方向的夹角约为60°，如图3-73所示。焊丝角度：与管子轴线方向的夹角约为90°，如

图 3-73 所示。焊丝与焊炬之间夹角约为 30°，如图 3-73 所示。

③焊接操作要领。起焊时，先将被焊处适当加热，然后将熔池烧穿，形成一个熔孔，如图 3-73 所示。这个熔孔一直保持到焊接结束。形成熔孔的目的有两个：第一是使管壁熔透，以得到双面成形；第二是通过熔孔的大小还可以控制熔池的温度。熔孔的大小以控制在等于或稍大于焊丝直径为宜。

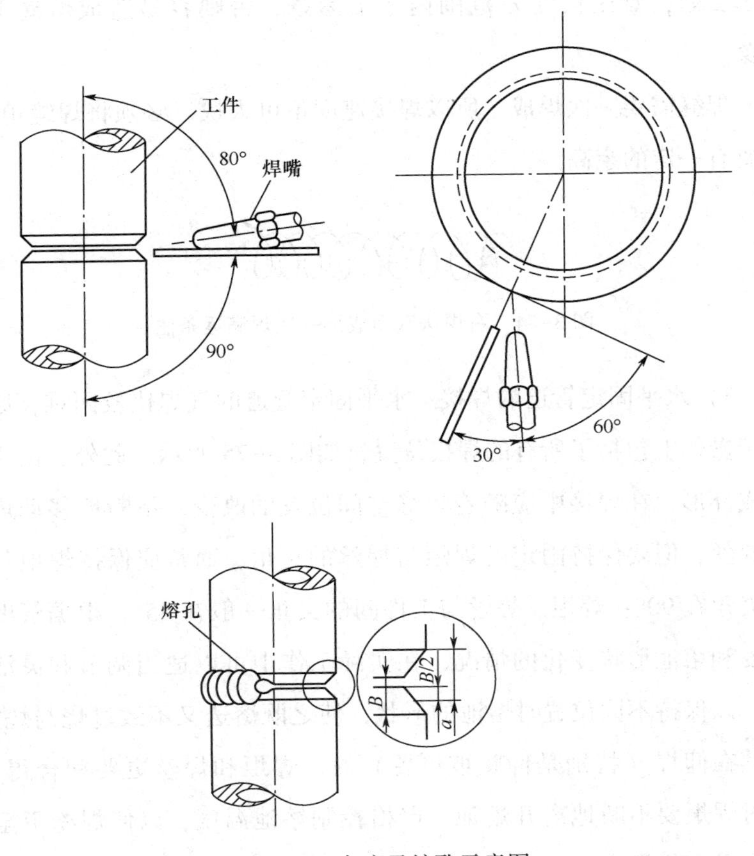

图 3-73　角度及熔孔示意图

熔孔形成后，开始填充焊丝。施焊中焊炬不做横向摆动，而只在熔池和熔孔做轻微地前后摆动，以控制熔池温度。若熔池温度过高时，为使熔池冷却，此时火焰不必离开熔池，可将火焰的高温区（焰心）朝向熔孔。这时外焰仍然笼罩着熔池，保护液态金属不被氧化。

在施焊过程中，焊丝始终浸在熔池中，不停地以“r”形往上挑动金属熔液，如图 3-74 所示。运条范围不要超过管道对口下部坡口的 1/2 处，要在长度 a 范围内上下运条，否则容易造成熔滴下垂现象。

焊缝需要一次焊成，所以焊接速度不可太快，必须将焊缝填满，并要有一定的余高。

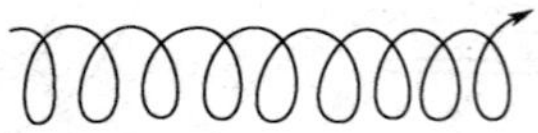

图 3-74　右焊法双面成形一次焊满运条法

3）水平固定管道的焊接。水平固定管道的气焊比较困难，原因在于操作上包括了所有的焊接位置，如图 3-75 所示。此外，由于焊缝成环形，在焊接中应随着焊缝空间位置的改变，不断地移动焊炬和焊丝，但要保持固定的焊炬与焊丝的夹角，通常应保持焊炬与焊丝夹角在 90°；焊炬、焊丝与工件间的夹角一般在 45°。根据管壁的厚度和熔池形状变化的情况，在实际工作中可以适当调节和灵活掌握，以保持不同位置时熔池的形状，使之既熔透又不致过烧与烧穿。尤其在仰焊（特别是仰爬坡位置）时，焊炬和焊丝更要配合得当，同时焊炬要不断地离开熔池，严格控制熔池温度，以使焊缝不至于过烧和形成焊瘤。

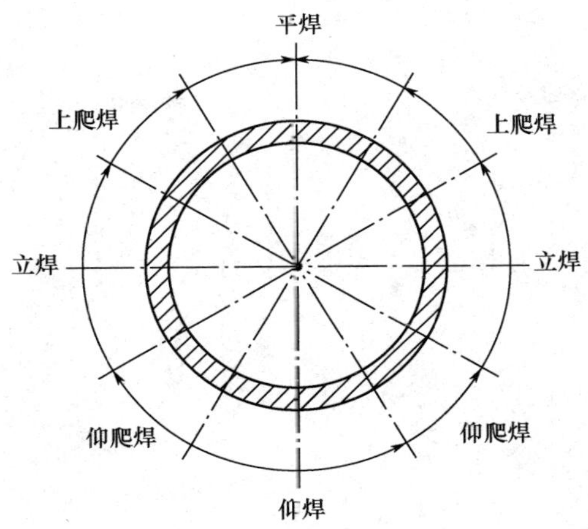

图 3-75　水平固定管全位置焊接分布情况

焊接前半圆时，起点、终点都要超过管道的垂直中心线，超出长度为 5~10 mm。焊接后半圆时，起点和终点都要和前段焊缝搭接一段，以防止起焊点和火口处产生缺欠，搭接长度一般为 10~20 mm。

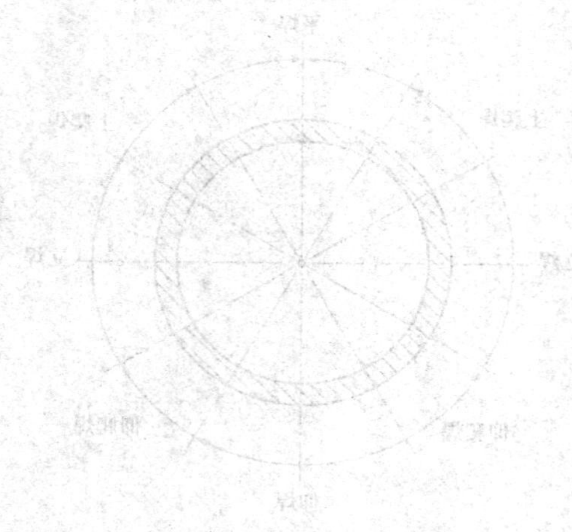

第4单元 金属材料焊接

模块1　碳钢的焊接

一、碳钢

碳钢按碳含量可分为低碳钢（w_C<0.25%）、中碳钢（w_C=0.25%~0.6%）、高碳钢（w_C>0.6%）；按钢中有害杂质硫、磷的含量可分为优质钢（w_S<0.035%，w_P<0.035%）、高级优质钢（w_S<0.030%，w_P<0.030%,），符号为A，特级优质钢（w_S<0.020%，w_P<0.025%），符号为E；按用途分类分为结构钢（主要用于制造各种机械零件和工程结构件等，其碳的质量分数一般都小于0.70%），工具钢（主要用于制造各种刀具、模具和量具等，其碳的质量分数一般都大于0.70%）。本书讨论的碳钢的焊接主要是碳素结构钢的焊接，即GB/T 700—2006《碳素结构钢》、GB/T 699—2015《优质碳素结构钢》和GB/T 221—2008《钢铁产品牌号表示方法》中规定的碳素结构钢。

1. 碳素结构钢

GB/T 700—2006《碳素结构钢》规定碳素结构钢牌号采用代表屈服点的字母“Q”、屈服点的数值（单位为MPa）和质量等级、脱氧方法等符号表示（表示镇静钢的符号“Z”和表示特殊镇静钢的符号“TZ”可以省略），按顺序组合。例如，Q235AF 中，“Q”表示屈服点的字母，“235”表示钢屈服点的数值为 235 MPa，“A”表示质量等级为 A 级，“F”表示沸腾钢。这类钢的牌号、化学成分、力学性能及用途举例见表 4-1。

2. 优质碳素结构钢

优质碳素结构钢中含有的有害元素及非金属夹杂物比普通碳素结构钢少，所以一般用来制造重要的机械零件，使用前一般都要经过热处理来改善力学性能。其牌号采用两位阿拉伯数字和规定的符号表示，阿拉伯数字表示碳的质量分数的平均值。例如，“45”钢表示碳的质量分数为 0. 45%的镇静钢，“08F”钢表示碳的质量分数为 0. 08%沸腾钢，“20A”钢表示碳的质量分数为 0. 20%的高级优质碳素结构钢，“45E”钢表示碳的质量分数为 0. 45%的特级优质碳素结构钢。

较高含锰量的优质碳素结构钢，在表示碳的质量分数的平均值的阿拉伯数字后加锰元素符号。例如，碳的质量分数的平均值为 0. 50%，锰的质量分数为 0. 70%~2. 00%的钢，其牌号表示为“50Mn”。

优质碳素结构钢的牌号、化学成分和力学性能见表 4-2。

3. 专用优质碳素结构钢

专用优质碳素结构钢采用阿拉伯数字（碳的质量分数的平均值）和代表产品用途的符号等表示。焊接用钢牌号表示为“H”，压力容器用钢牌号表示为“R”，桥梁用钢牌号表示为“q”，锅炉用钢牌号表示为“g”，焊接气瓶用钢牌号表示为“HP”。例如，“20g”表示碳的质量分数的平均值为 0. 20%的锅炉钢，“20R”表示碳的质量分数的平均值为 0. 20%的压力容器用钢。

表 4-1　　碳素结构钢的牌号、化学成分、力学性能及用途

牌号	等级	化学成分（%）					脱氧方法	拉伸试验			应用举例
		w_C	w_{Mn}	w_{Si}	w_S	w_P		R_{eL}（MPa）	R_m（MPa）	A（%）	
				不大于							
Q195	—	0.06~0.12	0.25~0.50	0.30	0.050	0.045	F、b、Z	（195）	315~390	33	用于制作钉子、铆钉、垫块及轻负荷的冲压件
Q215	A	0.09~0.15	0.25~0.55	0.30	0.050	0.045	F、b、Z	215	335~410	31	用于制作钉子、铆钉、垫块及轻负荷的冲压件
Q215	B	0.09~0.15	0.25~0.55	0.30	0.045	0.045	F、b、Z	215	335~410	31	用于制作钉子、铆钉、垫块及轻负荷的冲压件
Q235	A	0.14~0.22	0.30~0.65	0.30	0.050	0.045	F、b、Z	235	375~460	26	用于制作小轴、拉杆、连杆、螺栓、螺母、法兰等不太重要的零件
Q235	B	0.12~0.20	0.30~0.70	0.30	0.045	0.045	F、b、Z	235	375~460	26	用于制作小轴、拉杆、连杆、螺栓、螺母、法兰等不太重要的零件
Q235	C	≤0.18	0.35~0.80	0.30	0.040	0.040	Z	235	375~460	26	用于制作小轴、拉杆、连杆、螺栓、螺母、法兰等不太重要的零件
Q235	D	≤0.17	0.35~0.80	0.30	0.035	0.035	TZ	235	375~460	26	用于制作小轴、拉杆、连杆、螺栓、螺母、法兰等不太重要的零件
Q255	A	0.18~0.28	0.40~0.70	0.30	0.050	0.045	Z	255	410~510	24	用于制作拉杆、连杆、转轴、芯轴、齿轮和键等
Q255	B	0.18~0.28	0.40~0.70	0.30	0.045	0.045	Z	255	410~510	24	用于制作拉杆、连杆、转轴、芯轴、齿轮和键等
Q275	—	0.28~0.38	0.50~0.80	0.35	0.050	0.045	Z	275	490~610	20	用于制作拉杆、连杆、转轴、芯轴、齿轮和键等

表 4–2　　优质碳素结构钢的牌号、化学成分和力学性能

序号	牌号	试样毛坯尺寸[a] mm	推荐的热处理制度[c]			力学性能					交货硬度 HBW	
			正火	淬火	回火	抗拉强度 R_m MPa	下屈服强度 R_{eL}[d] MPa	断后伸长率 A %	断面收缩率 Z %	冲击吸收能量 KU_2 J	未热处理钢	退火钢
			加热温度/℃			≥					≤	
1	08	25	930	—	—	325	195	33	60	—	131	—
2	10	25	930	—	—	335	205	31	55	—	137	—
3	15	25	920	—	—	375	225	27	55	—	143	—
4	20	25	910	—	—	410	245	25	55	—	156	—
5	25	25	900	870	600	450	275	23	50	71	170	—
6	30	25	880	860	600	490	295	21	50	63	179	—
7	35	25	870	850	600	530	315	20	45	55	197	—
8	40	25	860	840	600	570	335	19	45	47	217	187
9	45	25	850	840	600	600	355	16	40	39	229	197
10	50	25	830	830	600	630	375	14	40	31	241	207
11	55	25	820	—	—	645	380	13	35	—	255	217
12	60	25	810	—	—	675	400	12	35	—	255	229
13	65	25	810	—	—	695	410	10	30	—	255	229
14	70	25	790	—	—	715	420	9	30	—	269	229
15	75	试样[b]	—	820	480	1 080	880	7	30	—	285	241
16	80	试样[b]	—	820	480	1 080	930	6	30	—	285	241
17	85	试样[b]	—	820	480	1 130	980	6	30	—	302	255
18	15 Mn	25	920	—	—	410	245	26	55	—	163	—

续表

序号	牌号	试样毛坯尺寸[a] mm	推荐的热处理制度[c]			力学性能					交货硬度 HBW	
			正火	淬火	回火	抗拉强度 R_m MPa	下屈服强度 R_{eL}[d] MPa	断后伸长率 A %	断面收缩率 Z %	冲击吸收能量 KU_2 J	未热处理钢	退火钢
			加热温度/℃			≥					≤	
19	20 Mn	25	910	—	—	450	275	24	50	—	197	—
20	25 Mn	25	900	870	600	490	295	22	50	71	207	—
21	30 Mn	25	880	860	600	540	315	20	45	63	217	187
22	35 Mn	25	870	850	600	560	335	18	45	55	229	197
23	40 Mn	25	860	840	600	590	355	17	45	47	229	207
24	45 Mn	25	850	840	600	620	375	15	40	39	241	217
25	50 Mn	25	830	830	600	645	390	13	40	31	255	217
26	60 Mn	25	810	—	—	690	410	11	35	—	269	229
27	65 Mn	25	830	—	—	735	430	9	30	—	285	229
28	70 Mn	25	790	—	—	785	450	8	30	—	285	229

表中的力学性能适用于公称直径或厚度不大于 80 mm 的钢棒。

公称直径或厚度大于 80 mm~250 mm 的钢棒，允许其断后伸长率，断面收缩率比本表的规定分别降低 2%（绝对值）和 5%（绝对值）。

公称直径或厚度大于 120 mm~250 mm 的钢棒允许改锻（轧）成 70 mm~80 mm 的试料取样检验，其结果应符合本表的规定。

[a] 钢棒尺寸小于试样毛坯尺寸时，用原尺寸钢棒进行热处理。

[b] 留有加工余量的试样，其性能为淬火+回火状态下的性能。

[c] 热处理温度允许调整范围：正火±30 ℃，淬火±20 ℃，回火±50 ℃；推荐保温时间：正火不少于 30 min，空冷；淬火不少于 30 min，75、80 和 85 钢油冷，其他钢棒水冷；600 ℃回火不少于 1 h。

[d] 当屈服现象不明显时，可用规定塑性延伸强度 $R_{p0.2}$ 代替。

二、碳素结构钢的焊接性

低碳钢焊接性良好，一般不需要焊前预热，只有构件厚度过大，焊接环境温度较低，才采取预热措施。中碳钢的含碳量较高，焊接时容易出现焊接接头淬硬、裂纹等问题。高碳钢的含碳量很高，淬硬倾向、裂纹敏感性极大，焊接性非常差，焊接时需要的工艺措施复杂，焊缝与母材力学性能完全匹配非常困难。

三、碳素结构钢的焊接工艺特点

1. 低碳钢焊接工艺特点

（1）焊前预热。低碳钢焊接一般不需要焊前预热，焊接接头钢材厚度过大时，可参考表4–3规定进行焊前预热。

表4–3　低碳钢焊前预热温度

常用钢材牌号	接头最厚部件的板厚 t（mm）				
	$t<20$	$20\leqslant t\leqslant 40$	$40<t\leqslant 60$	$60<t\leqslant 80$	$t>80$
Q235、Q295	/	/	40 ℃	50 ℃	80 ℃

（2）焊接材料。焊接材料按与母材等强度的原则选择，常用的低碳钢焊接材料选用可参考表4–4。

（3）层间温度和焊后消除应力处理。层间温度一般不应低于预热温度，但也不能过高，否则会造成粗晶脆化。焊后是否消除应力，要具体分析设计或合同文件的要求，宜采用电加热器局部退火或加热炉整体退火等方法进行消除应力处理，若仅为稳定结构尺寸，可选用振动法消除应力。焊后热处理温度一般为600～650 ℃；保温时间按壁厚（mm）/25（mm/h）计算，且不得小于15 min。

表 4-4　　低碳钢焊接材料选用表

母材					焊接材料			
GB/T 700 和 GB/T1591 标准钢材	GB/T 19879 标准钢材	GB/T 714 标准钢材	GB/T 4171 和 GB/T 4172 标准钢材	GB/T 7659 钢材	SMAW	GMAW	FCAW	SAW
Q215	—	—	—	ZG200-400H ZG230-450H	GB/T 5117 E43XX	GB/T 8110 ER49-X	GB/T 17493 E43XTX-X	GB/T 5293 F4XX-H08A
Q235 Q255 Q275 Q295	Q235GJ	Q235q	Q235N Q295NH Q295GNH	ZG275-485H	GB/T 5117 E43XX E50XX GB/T 5118 E50XX-X	GB/T 8110 ER49-X ER50-X	GB/T 17493 E43XTX-X E50XTX-X	GB/T 5293 F4XX-H08A GB/T 12470 F48XX-H08MnA

（4）焊前，焊条和焊剂要按规定进行烘干。焊接坡口内外侧 20 mm 范围的水分、油污等污物应清理干净。

（5）采用短弧焊接，多层焊每层焊缝金属厚度不应大于 5 mm。

2. 中碳钢焊接工艺特点

（1）焊前预热。中碳钢焊接一般需要焊接预热，预热温度一般为 150~300 ℃，含碳量高、厚度大或者结构刚性大，预热温度越高。

（2）焊接材料。一般情况焊接材料按与母材等强度的原则选择。例如，45 钢可以选用 E5915-G 焊条；如果不要求焊缝与母材等强度匹配，需要较好的焊缝塑性，可以选择 E310-16 的奥氏体不锈钢焊条，且不需要焊前预热。

（3）层间温度和焊后消除应力处理。层间温度一般不应低于预热温度，但也不能过高，否则会造成粗晶脆化。焊后热处理温度一般为 600~650 ℃，保温时间按壁厚（mm）/25（mm/h）计算，且不得小于 15 min，保温后缓冷。

（4）焊前，焊条和焊剂要按规定进行烘干，选用直径较小的焊条和焊丝。

（5）焊前，焊接坡口内外侧 20 mm 范围内的水分、油污等污物应清理干净。

（6）焊接坡口尽可能为 U 形，减少母材的熔入焊缝的量。

（7）焊接过程中，宜用小锤敲击焊缝金属以减少焊接残余应力。

（8）焊接电流与低碳钢焊接电流相比，小 10%左右。

（9）采用短弧焊接，多层焊每层焊缝金属厚度不应大于 5 mm。

四、焊条电弧焊操作实例

实例　Q345 板—板对接，V 形坡口，仰焊，单面焊双面成形

1. 试件尺寸及要求

（1）试件材料牌号：Q345。

（2）试件及坡口尺寸如图 4-1 所示。

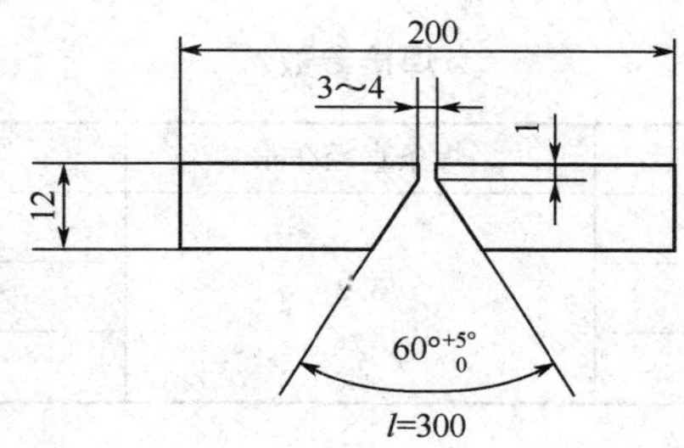

图 4-1　试件及坡口尺寸

（3）焊接位置：仰焊。

（4）焊接要求：单面焊双面成形。

（5）焊接材料：E5015 焊条，350～400 ℃烘干，保温 1～2 h。

（6）焊机：ZX7-400 直流逆变焊机。

2. 试件装配

（1）钝边 1 mm。

（2）清除坡口面及其正反两侧 20 mm 范围内的油、锈及其他污物，直至露出金属光泽。

（3）装配

1）装配间隙。始端为 3 mm，终端为 4 mm。

2）定位焊。采用与焊接试件相同牌号焊条进行定位焊，并在试件坡口内两端点焊，定位焊缝长度为10~15 mm，将定位焊缝接头端打磨成斜坡。

3）预置反变形量3°~4°。

4）错边量≤1. 2 mm。

3. 焊接参数

焊接参数见表4–5。

表4–5　　焊接参数

焊接层次	焊条直径/mm	焊接电流/A
打底层（1）	3. 2	100~110
填充层（2、3）		110~120
盖面层（4）		100~110

4. 操作要点及注意事项

采用在试件下方焊接，打底、填充、盖面从始焊端到终焊端一个方向进行焊接。

（1）打底焊。打底层焊接可以采用连弧法，也可采用断弧法，本实例为断弧法，焊接时焊条应保持在间隙坡口钝边处。

1）引弧。在定位焊端头引弧后，可采取稍长电弧对母材预热，然后直线运条至定位焊交界处，将电弧压低，击穿坡口，使被熔化的母材与熔滴连在一起形成熔池，此时应迅速灭弧，使熔滴温度迅速降低，然后再次迅速引弧，形成下一个熔池。下一个熔池通常应压住第一个开始凝固的熔池1/2~1/3处。这样反复灭弧、引弧，便可得到整条焊缝。

2）操作可采用直线断弧法，即一次击穿法。间隙大时，每一个熔池与前一个熔池搭接可多重叠一些，间隙小，重叠可少一些。

3）操作要领一看、二听、三准。

看：观察熔池形状和熔孔大小，并基本保持一致。熔池形状应为椭圆形，熔池前端始终应有一个深入母材两侧 0.5～1 mm 的熔孔。当熔孔过大时，应减小焊条与试板的下倾角，让电弧多压住熔池，少在坡口上停留。当熔孔过小时，应压低电弧，增大焊条与试件的下倾角度。

听：注意听电弧击穿坡口根部发出的“噗噗”声，如没有这种声音就是没焊透。一般保持焊条端部离坡口根部 1.5～2 mm。

准：施焊时，熔孔的端点位置要把握准确，焊条的中心要对准熔池前端与母材的交界处，使每一个熔池与前一个熔池搭接 2/3 左右，保持电弧的 1/3 部分在试件背面燃烧，以加热和击穿坡口根部。

4）收弧。打底焊道需要更换焊条停弧时，先在熔池上方做一熔孔，然后回焊 10～15 mm 再熄弧，并使其形成斜坡形。

5）接头可分热接和冷接两种方法。

热接：当弧坑还处在红热状态时，在弧坑下方 10～15 mm 处的斜坡上引弧，并焊至收弧处，使弧坑根部温度逐步升高，然后将焊条沿着预先做好的熔孔向坡口根部顶一下，使焊条与试件的下倾角增大到 90°左右，听到“噗噗”声后，稍做停顿，恢复正常焊接。停顿时间一定要适当，若过长，易使背面产生焊瘤；若过短，则不易接上接头，另外换焊条的动作越快越好。

冷接：当弧坑已经冷却，用砂轮或扁铲对已焊的焊道收弧处，打磨一个 10～15 mm 的斜坡，在斜坡上引弧并预热，使弧坑根部温度逐步升高，当焊至斜坡最低处时，将焊条沿预先做好的熔孔向坡口根部顶一下，听到“噗噗”声后，稍做停顿并提起焊条进行正常焊接。

打底层焊缝坡口背面的高度 1.5~2 mm，正面厚度为 2~3 mm。

（2）填充焊

1）应对打底焊道仔细清渣，应特别注意死角处的熔渣清理。

2）在距焊缝始端 10 mm 左右处引弧后，将电弧拉回到始焊端施焊。每次都应按此法操作，以防产生缺欠。

3）采用月牙形或横向锯齿形摆动焊条。

4）焊条与试板的下倾角为 70°~80°。

5）焊条摆动到两侧坡口处要稍做停顿，以利熔合及排渣，防止立焊缝两边产生死角。

6）最后一层填充层厚度，应使其比母材表面低 1~1.5 mm，且呈凹形，不得熔化坡口棱边，以利盖面层保持平直。

（3）盖面层焊接

1）引弧与填充焊方法相同。

2）采用月牙形或横向锯齿形运条方法。

3）焊条与试件的下倾角为 70°~75°。

4）焊条摆动到坡口边缘时，要稍做停留，保持熔宽 1~2 mm。

5）焊条的摆动频率应比平缝稍快些，前进速度要均匀一致，使每个新熔池覆盖前一个熔池的 2/3~3/4。

6）接头。换焊条前收弧时，应对熔池填些铁水，迅速更换焊条后，再在弧坑上方 10 mm 左右的填充层焊缝金属上引弧，将电弧拉至原弧坑，填满弧坑后，继续施焊。

模块 2　低合金钢的焊接

一、低合金钢

低合金钢与低碳钢相比，其化学成分中有少量的 Mn、Si、Mo、Ti、Al、Cr、Ni、Nb 等合金元素。这些合金元素使其性能发生了变化，具有高强度、好韧性、耐磨性、好的高温和低温性能。

一般低合金钢大致可以分为：强度用钢、耐腐蚀钢、低温钢和耐热钢。

强度用钢最为常见是 GB/T 1591—2018《低合金高强度结构钢》中，适用于一般结构和工程用低合金高强度结构钢钢板、钢带、型钢、棒钢，按屈服强度分 Q355、Q390、Q420、Q460、Q500、Q550、Q620、Q690 八个强度等级。

耐腐蚀钢一是 GB/T 4171—2008《高耐候结构钢》中高耐候钢，是指在钢种加入少量的合金元素，如 Cu、P、Cr、Ni 等，使其在金属表面上形成保护层，以提高钢材的耐候性能，这类钢的耐候性能比焊接结构用耐候钢好，故称作高耐候性结构钢，适用于耐大气腐蚀的热轧、冷轧钢板、带钢和型钢。二是 GB/T 4172—2000《焊接结构用耐候钢》，适用于桥梁、建筑和其他结构件用具有耐候性能的热轧钢板，包括钢板、钢带和型钢，厚度可达 100 mm。焊接结构用耐候钢与高耐候钢相比，通过调整化学成分，在提高钢材的耐候性能的同时，保持良好的焊接性能和低温性能，以 Cu-Cr-Ni 为主，

P含量控制在0.035%以下。

低温钢的主要是指GB 3531—2014《低温压力容器用钢板》中用于-196～-20 ℃的铁素体钢，包括16MnDR、15MnNiDR、15MnNiNbDR、08MnNiDR、08NiDR，最多使用温度分别为-40 ℃、-45 ℃、-50 ℃、-70 ℃、-100 ℃。08Ni9DR和奥氏体不锈钢也可以用作更低温度场合，但其合金含量超过低合金钢的范围，故不在本节范围之内。

耐热钢是指用合金元素铬和钼提高高温蠕变强度的珠光体耐热钢，例如12CrMoV、12CrMo、15CrMo等，它们不仅有良好的抗氧化性和热强性，还有比较好的抗硫腐蚀和抗氧腐蚀的性能。

二、低合金钢的焊接性

低合金钢具有较高的强度的同时还具有一些其他的性能，如耐热、耐腐蚀等。这是因为钢中加入了一定量的合金元素，这些合金元素在改善钢的性能的同时也影响了钢的焊接性。

（1）对热影响区的组织影响。由于含有一定的合金元素，加剧了热影响区淬硬倾向，此外，冷却速度越大，淬硬倾向越高。对于大多数低合金钢，热影响区最高允许硬度为350 HV。

（2）氢的影响。焊接过程中，氢可以向热影响区进行扩散和集聚，氢含量过高，会造成氢白点、冷裂纹缺欠。

（3）冷裂纹。氢、淬硬组织和应力综合作用会产生冷裂纹，如Cr5Mo等。

（4）热裂纹。不合理的焊接接头形式、低熔点共晶形成的合金元素Ni、S、P等的存在，以及焊接过程中拉应力会导致热裂纹的产生，如 3.5Ni 钢。

（5）再热裂纹。一些含碳化物元素形成较高的低合金钢焊接接头在高拘束应力和危险温度区间重复加热会形成再热裂纹，敏感的钢种如 2.25Cr-1Mo、0.5Mo-B 等。

三、低合金钢的焊接工艺特点

1. 焊接材料选择

一般需要根据钢材的化学成分、力学性能、裂纹倾向、焊接结构的工况等因素综合选用焊接材料。

（1）按等强度选择焊接材料。焊缝金属的强度等于母材金属的强度，当母材为异种材料且强度等级不同时，按强度等级较低的母材选择材料。

（2）按焊接结构的重要程度选择。重要结构选用碱性的焊接材料或低氢材料，如碱性焊条或碱性焊剂。

（3）按特殊性能选择。如果有耐腐蚀、耐热性要求的场合，可以优先按化学成分选择，优先保证这些性能。

2. 焊接特点及工艺措施

预热可以有效低防止冷裂纹、降低焊缝和热影响区的冷却速度，减小应力。低合金钢是否需要预热，控制层间温度和焊后热处理与和的碳当量，强度有关。碳当量越大，钢的强度越高，相关工艺措施也复杂，见表 4-6。

表 4-6　　焊接特点及工艺措施

钢种	焊接特点	工艺措施
Q355、Q390	碳当量较低，强度不高，焊接性良好，只有焊接温度较低、焊接接头刚性大、高氢时候容易产生冷裂纹	等强度焊材 焊接环境温度低于 0 ℃、板厚较大，焊件预热 100~150 ℃ 尽可能选择碱性焊接材料和低氢焊接工艺
Q420	碳当量较高，焊接性变差，热影响区产生硬脆组织，焊接接头产生冷裂纹的倾向变大。焊接热输入过小，热影响区淬硬脆化；热输入过大产生粗晶脆化	适当控制焊接热输入 定位焊需要预热 采用低氢工艺和碱性焊条或焊剂 板厚较大需要预热或焊后热处理
12CrMo 12Cr1MoV 15CrMo 15CrMo1V	珠光体耐热钢，含碳量和合金元素较多，焊缝与焊接热影响区容易淬硬，容易产冷裂纹	按母材化学成分选择焊接材料 低氢工艺 焊前预热、控制层温度、后热处理、焊后热处理
16MnRD 09Mn2V 06MnNb 06AlCu 3. 5Ni	低温钢，含碳量较低，细晶和 Ni 合金作用保证低温性能，焊接时有热裂倾向	按钢材的温度等级选择焊材 控制母材、焊材的 P、S、O、N 等杂质含量 为细化晶粒，小热输入焊接，多层多道焊，控制层间温度 选择低氢工艺

四、二氧化碳气体保护焊操作实例

实例　低合金钢管 20g+12CrMoV 对接，V 形坡口，单面焊双面成形

1. 试件尺寸及要求

（1）试件材料牌号：20g+12CrMoV。

（2）试件及坡口尺寸：外径 150 mm×长 125 mm×厚 10 mm，共

两件，机械加工下料，V 型坡口；单面坡口角度 30°+2°。

（3）焊接要求：单面焊双面成形。

（4）焊接材料：焊丝 H08Mn2SiA，ϕ1. 2 mm。CO_2 纯度>99. 5%。

（5）焊机：NB-400 半自动二氧化碳焊机。

2. 试件装配

（1）清除坡口面及其正反两侧 20 mm 范围内的油、锈及其他污物，至露出金属光泽。管件装配成 V 形坡口的对接接头，间隙 2 mm。

（2）采用与焊接试件相同牌号焊丝进行定位焊（不超过 3 点），定位焊缝长度不超过 15 mm，将定位焊缝接头端打磨成斜坡。

（3）定位焊须采用与正式焊接相同的焊接方法和焊接材料。

3. 焊接参数

（1）焊接电流：打底 100～120 A；盖面 120～150 A。

（2）电弧电压：打底 18～19 V；盖面 19～20 V。

（3）气体流量：8～25 L/min。

（4）干伸长度：10 倍焊丝直径。

（5）电流类型及极性：直流反接。

4. 注意事项

（1）焊前应对 CO_2 焊机送丝顺畅情况和气瓶压力以及气体流量作认真检查。

（2）根据焊丝直径正确选择焊丝导电嘴。

（3）送丝软管焊接时必须拉顺，不能盘曲，送丝软管半径不小于 150 mm。施焊前应将送气软管内残存的气体排出。

（4）检查导电嘴是否有磨损后孔径增大现象，如果导电嘴磨损严重后会引起送丝不稳定，从而焊接不能稳定，需重新更换导电嘴。

（5）在调试设备的小试板上进行焊接参数的调试，不允许直接在操作架上进行焊接参数的调试。更不宜在试件上进行焊接参数的调试，否则会影响到后续的试件焊接质量。

（6）焊接时应经常清理喷嘴的飞溅物，以保证喷嘴不被堵塞影响气体保护效果。

5. 焊接操作

（1）引弧常采用倒退引弧法，引弧前需要把焊丝端头剪去。

（2）收弧时，需要注意即使填满弧坑，电弧熄灭，仍然要保持焊枪在弧坑处停留几秒后方可离开，保证熔池凝固时得到可靠的保护。

（3）焊接时焊枪的摆动手法主要是Z字形，螺旋形以及月牙形，焊接方向一般用右手向左边行进，焊枪与工件成40°夹角，保持15~20 mm距离，与焊条电弧焊相反的是推进而不是拖拽，气罩口向着焊接的前方。焊枪摆动方式及应用范围见表4−7焊枪的摆动方式及应用范围。

表4−7　　焊枪的摆动方式及应用范围

摆动方式	应用范围
	薄板、中厚板打底焊道
	间隙小、中厚板打底焊道
	厚板第二层以后的横向摆动
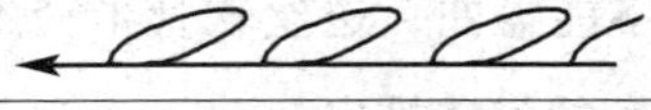	平角焊、堆焊或多层焊的第一层
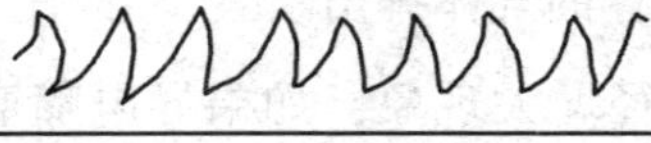	坡口较大时

模块 3 不锈钢的焊接

一、不锈钢简介

含铬量不小于 12%，在空气、水、蒸气中不腐蚀或生锈的钢称为不锈钢。不锈钢按室温下的金相组织分马氏体不锈钢、铁素体不锈钢、奥氏体不锈钢，铁素体-奥氏体双相不锈钢。其中应最广泛的是奥氏体不锈钢。美国钢铁学会（AISI）规定奥氏体不锈钢包括 200 系列和 300 系列。200 系列含有高含量的碳、锰和氮，用于耐磨损的场合。300 系列是一类广泛使用的奥氏体不锈钢，这类不锈钢大部分是在 18Cr-8Ni 系的基础上加入合金元素而得到独特性能。典型的 18% Cr 8% Ni 系列奥氏体不锈钢有 304、316、321 和 347，其中 321 含钛稳定化元素、347 含有铌稳定化元素。本章仅仅介绍铬镍奥氏体不锈钢的焊接。

二、不锈钢的焊接性

奥氏体不锈钢的焊接性良好，焊接过程一般不需要特殊的工艺措施，但也会产生一些焊接性的问题。

（1）晶间腐蚀。奥氏体不锈钢加热到 450~850 ℃的温度区间停留，奥氏体晶内的碳优先向晶界扩散导致碳在晶界富积，且在晶界碳和铬结合，造成晶界贫铬，在腐蚀介质的作用下形成晶间腐蚀，此时在应力的作用下，晶界几乎没有强度，因此晶间腐蚀是奥氏体不锈钢最危险的破坏形式。

综上，要避免晶间腐蚀，首先要避免在450～850 ℃温度区间长时间的停留；其次，降低碳的含量；最后设法阻断在晶界碳和铬结合。焊接工艺也应该围绕着上述的三个方面执行。

（2）热裂纹。奥氏体不锈钢的热导率、线膨胀系数大，焊接后焊接接头会产生较大的焊接应力。此外镍含量较多，容易在结晶过程中形成低熔共晶物，在焊接应力的作用下，形成热裂纹。

（3）其他问题。主要是475 ℃脆性和σ相脆化引起的焊接接头的脆化以及应力腐蚀和点腐的问题。

三、不锈钢钢的焊接工艺特点

1. 焊接材料选择

焊接材料包括：焊条、焊丝、焊剂、气体等。焊接材料选择时，应关注如下问题。

（1）应该根据相应的焊接材料标准进行选择，国内的相关标准有：GB/T 983—2012《不锈钢焊条》、GB/T 17854—2018《埋弧焊用不锈钢焊丝-焊剂组合分类要求》、GB/T 29713—2013《不锈钢焊丝和焊带》、GB/T 17853—2018《不锈钢药芯焊丝》等。

（2）应该根据焊接接头的工况环境来选择焊接材料，见表4-8。

（3）应该根据具体焊接工艺，如焊接方法、坡口尺寸等因素综合母材的熔化多少，选择焊接材料。

2. 焊条电弧焊工艺

（1）焊接应采用小电流、快速焊、低电压，焊条不横向摆动，层间温度应小于150 ℃，焊接电流选用表见表4-9。

表 4-8　　不同工作条件及要求下焊条选择

钢材牌号	工作条件及要求	选用焊条
06Cr19Ni10 0Cr18Ni9Ti 1Cr18Ni9Ti	工作温度低于 300 ℃，同时要求良好的耐腐蚀性能	E0-19-10-16 E0-19-10-15 E00-19-10-16
	工作温度低于 300 ℃，同时对抗裂纹、抗腐蚀要求较高	A122
	要求优良的耐腐蚀性能及要求采用含 Ti 稳定的 Cr18Ni9 型不锈钢结构	E0-19-10Nb-16 E0-19-10Nb-15
	耐腐蚀要求不高	A122

表 4-9　　焊接电流选用表

焊条直径（mm）	焊接电流（A）	焊条直径（mm）	焊接电流（A）
2.5	60~90	4.0	120~140
3.2	80~110	5.0	150~180

焊接电流和焊接热输入应比碳钢小 20%左右。以焊条电弧焊为例，焊接奥氏体不锈钢的焊接电流，可根据焊条直径 d 选定，经验公式为：

$$I=(25\sim35)d$$

焊条直径小时选用小的系数，焊条直径大时选用较大的系数。立焊或仰焊还要减少 10%~30%。

（2）焊前，应清理坡口内外两侧 20 mm 范围内油、锈等污物，定位焊缝应选用直径较小焊条，定位焊缝长度和间距见表 4-10，焊缝厚度不超过 2 mm。

3. 手工钨极氩弧工艺

（1）焊接材料选择。一般选用与母材成分相同或相近的焊丝。

表 4-10　　定位焊　　mm

板厚	≤2	3~5	>5
定位焊缝长度	5~8	10~15	15~25
间距	40~50	80~90	200~300

（2）当母材厚度小于 3 mm 时，可不填充焊丝。

（3）保护气体（氩气）应达到氩气纯度不低于 99.95%。

（4）焊前装配应将坡口面、坡口边缘 20 mm 范围内打磨干净、呈金属光泽。

（5）焊接电源种类和极性。直流正接，工件接焊接电源的正极性。

（6）焊接电流。焊接电流主要依据材料类型、工件厚度和空间位置来选择。

（7）焊接电压。钨极氩弧焊的焊接电压一般在 10~24 V。

（8）钨极直径。选择要根据焊接电流大小来选择。表 4-11 中列出钨极直径推荐的焊接电流范围，且焊接电流不得超过钨极产品说明书规定的载流量上限。

表 4-11　　按钨极直径推荐的焊接电流范围

电极直径（mm）	直流（A）				交流（A）	
	正接		反接			
	纯钨	含氧化物的钨	纯钨	含氧化物的钨	纯钨	含氧化物的钨
1.6	40~130	60~150	10~20	10~20	45~90	60~125
2.0	75~180	100~200	15~25	15~25	65~125	85~160
2.4	100~230	175~250	17~30	17~30	80~140	120~210
3.2	160~310	225~330	20~35	20~35	150~190	150~250
4.0	275~450	350~480	35~50	35~50	180~260	240~350

（9）钨极端部形状，见表 4–12。

表 4–12　　钨极端部形状和推荐的焊接电流范围（直流正接）

钨极直径（mm）	尖端直径（mm）	尖端角度（°）	电流（A）	
			恒流	脉冲
1.0	0.125	12	2~15	2~25
1.0	0.25	20	5~30	5~60
1.6	0.5	25	8~50	8~100
1.6	0.8	30	10~70	10~140
2.4	0.8	35	12~90	8~100
2.4	1.1	45	15~150	15~250
3.2	1.1	60	20~200	20~200
3.2	1.5	90	25~250	25~250

（10）氩气流量。可以按如下公式确定：

$$Q=(0.8\sim1.2)D$$

式中　Q——氩气流量，L/min；

D——喷嘴直径，mm。

（11）喷嘴直径。按下如下公式确定：

$$D=(2.5\sim3.5)d$$

式中　d——钨极直径，mm；

D——喷嘴直径（内径），mm。

（12）喷嘴到工件距离。通常喷嘴到工件的距离为 5~15 mm。

（13）钨极伸出长度。对接焊缝一般为 5 mm 左右，角焊缝一般 7 mm。

（14）300 系列不锈钢手工钨极氩弧焊焊接参数，见表 4–13。

表 4–13　　手工钨极氩弧焊焊接参数

	300 系列奥氏体不锈钢		
材料厚度	1. 5~3. 0	3. 0~6. 0	>6. 0~12
接头设计	直边对接	V 形坡口	U、V、J 形坡口
电流（A）	50~100	70~120	100~150
极性	直流正接		
电弧电压（V）	12		
电极种类	铈钨极		
电极尺寸（mm）	2. 4		3. 2
填充金属种类	ER308 等		
填充金属尺寸（mm）	1. 6~2. 5		2. 5~3. 2
保护气体	Ar		
气体流量（L/min）	6~8		
背面气体流量（L/min）	2~4		
喷嘴尺寸（mm）	8~10	8~12	10~14
喷嘴到工件距离（mm）	≤12		
预热温度（最低）（℃）	/		
层间温度（℃）	≤150		
焊后热处理	无		

（15）不锈钢焊接场地宜铺像皮或木板，不得接触及划伤，焊接电源接地线应通过同质不锈钢板过渡到工件。

（16）不锈钢施焊时用木锤、铜锤、不锈钢锤、不锈钢丝刷、铜丝刷。

（17）不锈钢对接接头，单面焊第一、第二层时，背面应采取冲氩保护措施。

（18）平焊时焊枪与工件夹角 78°～80°，填充焊丝与工件夹角 15°～20°，尽量压低喷嘴高度，以提高保护效果。在焊接过程中如不慎产生夹钨现象，应立即停止焊接，用砂轮磨掉被污染的焊缝，并重新磨好钨棒，方能继续施焊。

（19）焊接必须等坡口两侧熔化后才可填充焊丝，从熔池的前沿送进，填充焊丝要均匀，焊丝端头要始终在氩气保护区内，撤回焊丝时，不要让焊丝端头撤出氩气保护区，以免焊丝端头被氧化。如坡口间隙较大，焊枪应作相应的横向摆动，以保证两侧母材熔合。焊接过程中应尽量避免停弧，减少接头数量，且接头应错开 20～30 mm，重叠处一般不加焊丝，熔池要贯穿到接头的根部，以确保接头处熔透。

（20）焊接过程中及焊后要注意钨极的形状及颜色的变化。焊接过程中钨极没有变形，端部为银白色，说明保护效果好；焊后钨极发蓝，说明保护效果较差。如果钨极发黑或瘤状物，说明钨极已被污染。

四、钨极氩弧焊操作实例

实例　304 不锈钢管对接，V 形坡口，单面焊双面成形，水平固定加障碍。

1. 试件尺寸及要求

（1）试件材料牌号：304。

（2）试件及坡口尺寸：外径 50 mm×长 150 mm×厚 4 mm，共两件，机械加工下料，V 形坡口；单面坡口角度 30°。

（3）焊接要求：单面焊双面成形。

（4）焊接材料：焊丝 ER316L，ϕ2. 4 mm。氩气纯度 99. 99%。

（5）焊机：WS-400 焊机。

2. 试件装配

（1）打磨清理好清除坡口面及其正反两侧 20 mm 范围内的油、锈及其他污物，至露出金属光泽。

（2）把打磨清理好的管件装配成 V 形坡口的对接接头，无间隙，在时钟的 10 点和 2 点的位置各点焊 20 mm。定位时必须要内部充氩，防止氧化，试件上架之后出现点固的焊点开裂导致试件解体时，须在操作架上完成再进行组装和定位焊。

（3）定位焊须采用与正式焊接相同的焊接方法和焊接材料。

3. 焊接参数

（1）钨极直径：WCe-20，ϕ2. 4 mm。

（2）钨极伸出长度：4~6 mm。

（3）焊丝直径：2. 4 mm。

（4）焊接电流：70~90 A。

（5）焊接电压：12~14 V。

（6）氩气流量：6~8 L/min（漏气检验：观察流量计浮珠，滞后停气后能否回到零位，如回不到零位要检查流量计到电磁阀漏气点。电流板上不加丝引弧，形成熔池后仔细观察熔池，若发现气孔，检查电磁阀到焊枪漏气点）。

（7）氩气纯度：99. 99%。

（8）喷嘴直径：8~10 mm。

（9）焊接层数：2 层。

4. 操作要点及注意事项

（1）把焊件固定在适当的高度，焊缝分为两个半圆，先焊左半圆焊缝（沿顺时针方向焊接）还是先焊右半圆焊缝（即沿逆时针方向焊接）由焊工决定。起弧点在时钟 6 点左右。整个焊接过程中钢管内部要不间断进行充氩。

（2）调整好角度后，从 6 点处开始引弧，进行前半圈的焊接，焊接电弧控制在 3~4 mm，当被加热的焊件表面熔化后，此时，应该向熔池填加 1~2 滴焊丝熔滴，然后，在电弧停留 8~10 s 后，再填加焊丝，熔池的直径应控制在 7~9 mm。引弧后，焊枪沿着焊缝做平稳的直线匀速向上移动焊接。

（3）仰焊段的焊接：由时钟 6 点向 4 点区域（或者由 6 点向 8 点）焊接时，为了防止焊缝根部下塌，此时，焊丝应送入熔池内 1/3 处，并且还要有向上推的动作。

（4）立焊段的焊接：由时钟 4 点向 2 点区域（或者由 8 点向 10 点）焊接时，焊丝应送入熔池的 1/4 处，而且焊接速度要比仰焊速度快些，防止熔化的铝液下淌。为了防止背面焊缝余高超高，焊接过程中焊丝端部不要采取向下压送的方法，防止背面焊缝余高超高或出现夹焊丝现象。

（5）平焊段的焊接：由时钟 2 点向 12 点区域（或者由 10 点向 12 点）焊接时，焊丝送入熔池的 1/5 处，而且焊接速度比立焊速度稍快些，避免背面焊缝下塌和正面焊缝余高过高。

当两个半圆焊缝都焊至时钟的 12 点位置时，两半圆的焊缝应重叠 10~12 mm，并且利用焊机的衰减装置，逐渐减小焊接电流收弧，此时应控制熔池的温度，防止焊缝因温度过高而烧穿或背面焊缝产生下塌。断弧后不能立即关闭氩气，为了防止钨极氧化和保证收弧质量，需要等到钨极呈暗红色后（一般为5~10 s）再关闭氩气。

（6）层间温度要控制在100 ℃以下，打底焊完成后应用不锈钢钢丝刷清理后再进行盖面层的焊接。

（7）焊接操作要点：用手工钨极氩弧焊焊接不锈钢时，通常采用左焊法，即焊接过程中，焊接电弧自右向左移动。在移动时，焊枪应平稳而匀速地向前做直线运动，并且保证弧长稳定。为了防止出现焊缝咬边缺欠和确保焊缝熔透，焊接时要保持短弧焊接（不加焊丝时，弧长应保持0.5~2 mm，加焊丝时，弧长为4~6 mm）。为了避免焊丝端部氧化，焊丝在电弧下移动时，不要移出氩气保护范围之内。焊接过程的重新引弧时，引弧处应在弧坑前面20~30 mm的焊缝上，然后再移向弧坑，使弧坑受到充分加热熔化后再向前接续焊接。

刚开始焊接时，焊枪从距焊件端部15~25 mm处，采用右向焊法焊接至始焊端，然后再采用左向焊法从始焊端开始正式焊接。

焊缝进行接头焊接时，电弧在断弧处引弧，待电弧燃烧稳定后向右移动10~15 mm，然后再向左移动焊枪，在接头处熔化形成熔池后，立即填加焊丝进行正常焊接。

（8）填加焊丝要点。填加焊丝的方法有推丝填丝法和断续点滴填丝法两种。

推丝填丝法，焊接时焊枪不摆动，适当加大焊接电流和焊接速度，用短弧焊接。填丝时，焊丝沿着焊枪前进的方向紧贴着焊缝左侧，向熔池做推动式填丝，并且焊丝不脱离熔池，每次向熔池的填丝量不要过多，此法适用于T形接头及搭接接头的焊接。

断续点滴填丝法，焊接过程中，焊丝在氩气保护区内，向熔池边缘以滴状形式往复加入，此时，焊枪视熔池熔化情况、焊缝宽度情况可做轻微摆动。此法适用于对接、角接和卷边对接接头的焊接。

（9）焊接不锈钢管内部需充氩，焊接前要先充氩 1 min，确保管内的空气能被氩气全部置换掉，方可焊接。

模块 4　铝及铝合金

一、铝及铝合金

铝（Al）的密度为 2.7 g/cm^3，比铜轻 2/3，铝为银白色的轻金属，熔点为 658 ℃，电导率仅次于金、银、铜而位居第四位。纯铝具有面心立方点阵结构，没有同素异构转变，塑性好，无低温脆性转变，但强度低。铝及铝合金的热导率比钢大，焊接时，热输入容易向母材迅速流失，所以，熔焊时需要采用高度集中的热源。

铝及铝合金的线膨胀系数较大，约为钢的 2 倍，凝固时的体积收缩率达 6.5%左右，因此，焊件不仅热裂倾向大而且还容易产生焊接变形。铝和氧的亲和力大，在空气中极容易氧化，生成高密度（3.85 g/cm^3）的氧化膜（Al_2O_3），熔点高达 2 050 ℃，该氧化膜在焊接过程中，阻碍熔化金属的良好结合，容易造成夹渣、气孔、未熔合、未焊透等缺欠。铝及铝合金对光、热的反射能力较强，熔化前无色泽变化，因此，焊工很难控制加热温度。

根据铝合金按加工方法可以分为变形铝合金和铸造铝合金，铝及铝合金的编号主要分为8个系列，见表4-14。

表4-14　　铝及铝合金系列

系列号	说明
1XXX表示铝为99%以上的纯铝系列，如1050、1100	1000系列的铝成形性、表面处理性良好，在铝合金中其耐蚀性最佳。其强度较低，纯度越高其强度越低 常用的有1050、1070、1080、1085、1100，做简单挤压成型（不做折弯），其中1050和1100可以做化学打砂、光面、雾面，法线效果，有较明显的材料纹路，着色效果好；1080和1085镜面铝常用来做亮字、雾面效果，无明显材料纹路 此系列的铝材都相对较软，主要用来做装饰件或内饰件
2XXX表示铝-铜合金系列，如2014	特点是硬度较高，但耐蚀性不佳，2000系列铝合金代表2024、2A16、2A02。2000系列铝板的含铜量在3%~5% 2000系列铝棒属于航空铝材，作为构造用材使用，目前在常规工业中不常应用
3XXX表示铝-锰合金系列，如3003	3000系列铝合金代表牌号有3003、3105、3A21。含锰量在1.0%~1.5%，是一款防锈功能较好的系列 常用作液体产品的槽、罐，建筑加工件，建筑工具，各种灯具零部件，以及薄板加工的各种压力容器与管道。成形性、溶接性、耐蚀性均良好
4XXX表示铝-硅合金系列，如4032	通常含硅量在4.5%~6.0%，含硅量较高强度就相对较高，4000系列铝合金代表为4A01。汤流良好，凝固收缩少，属建筑用材料，机械零件，锻造用材，焊接材料；熔点低，耐蚀性好，具有耐热、耐磨的特性
5XXX表示铝-镁合金系列，如5052	5000系列铝的合金含镁量在3%~5%。代表牌号为5052、5005、5083、5A05等。主要特点为密度低，抗拉强度高，延伸率高。在相同面积下铝镁合金的重量低于其他系列，在常规工业中应用也较为广泛
6XXX表示铝-镁-硅合金系列，如6061、6063	6000系列铝合金代表牌号为6061，主要含有镁和硅两种元素，故集中了4000系列和5000系列的优点。6061是一种冷处理铝锻造产品，适用于对耐腐蚀性、氧化性要求高的情况。可使用性好，容易涂层，加工性好 用得较多的是6061和6063，其中6061的强度高于6063，使用铸造成型，能够铸造出较为复杂的结构

续表

系列号	说明
7XXX 表示铝-锌合金系列如 7001	7000 系列铝合金代表牌号为 7075。也属于航空系列，是铝镁锌铜合金，是可热处理合金，属于超硬铝合金，有良好的耐磨性。目前基本依靠进口，国产的生产工艺还有待提高
8XXX 表示上述以外的合金体系	8000 系列铝合金较为常用的牌号为 8011，大部分应用为铝箔，生产铝棒方面不太常用

二、铝及铝合金的焊接性

铝及铝合金的化学性质非常活泼，表面极易形成难熔性质的氧化膜（如 Al_2O_3 的熔点约为 2 050 ℃，MgO 的熔点约为 2 500 ℃），以及铝及铝合金的热导性很强，焊接热输入容易迅速向母材流失，所以，容易造成铝及铝合金产生未熔合缺欠。铝及铝合金在焊接生产中的主要问题有以下几个。

1. 铝的比热和热导率比钢大

铝的比热和热导率比钢大，所以，焊接过程的热输入因向母材迅速传导而流失，因此，用熔焊方法焊接时，需要采用高度集中的热源焊接，为了获得高质量的焊接接头，有时需要采用预热的工艺措施，才能实现熔焊过程；用电阻焊方法焊接时，需要采用特大功率的电源焊接。

2. 线膨胀系数较大

铝及铝合金的线膨胀系数较大，约为钢的 2 倍，凝固时的体积收缩率达 6.5%左右，因此，焊件容易产生焊接变形。

3. 铝和氧的亲和力大

铝和氧的亲和力大，极容易氧化。铝及铝合金在焊接过程中，在焊接表面氧化生成高密度（3. 85 g/cm^3）的氧化膜（Al_2O_3）熔点高达2 050 ℃，该氧化膜在焊接过程中，阻碍熔化金属的良好结合，容易造成夹渣。

4. 容易产生气孔

铝及铝合金在焊接过程中最容易产生的缺欠是氢气孔，这是由于在焊接电弧弧柱的空间中，总是存在一定量的水分，尤其是在潮湿的季节或湿度大的地区焊接时，由弧柱气氛中的水分分解而来的氢，溶入过热的熔池金属中，在低温凝固时，氢的溶解度会发生很大的变化，急剧下降，如在焊缝熔池凝固前不能析出，留在焊缝中就形成氢气孔。

其次，焊丝和焊件氧化膜中所吸附的水分，也是产生气孔的重要原因。Al-Mg合金的氧化膜不致密、吸水性很强。所以，Al-Mg合金要比氧化膜致密的纯铝具有更大的气孔倾向。

5. 铝及铝合金熔化时无色泽变化

铝及铝合金在焊接过程中由固态变为液态时，没有明显的颜色变化，因此，焊工很难控制加热温度，同时，还由于铝及铝合金在高温时强度很低（铝在370 ℃时强度仅为10 MPa），容易使焊缝熔池塌陷或熔池金属下漏。所以，焊接时焊缝背面要加垫板。

6. 焊接热裂纹

铝及铝合金焊接过程中，在焊缝金属和近缝区内出现的热裂纹，主要是金属凝固裂纹。也可以在近缝区见到液化裂纹。易熔共晶体的存在是铝及铝合金焊缝产生凝固裂纹的重要原因。铝及铝合金的线膨胀系数是钢的2倍，在拘束条件下焊接时，所产生较大的焊接应力，也是铝及铝合金具有较大的裂纹倾向的原因之一。

7. 焊接接头的等强性

能时效强化的铝合金，除了 Al-Zn-Mg 合金外，无论是在退火状态下还是在时效状态下焊接，焊后如不经热处理，其焊接强度均低于母材。

非时效强化的铝合金，如 Al-Mg 合金，在退火状态下焊接时，焊接接头同母材是等强的：在冷作硬化状态下焊接时，焊接接头强度低于母材。

铝及铝合金焊接时不等强的表现，说明焊接接头发生了某种程度的软化或存在某一性能上的薄弱环节。这种接头性能上的薄弱环节可以存在于焊缝、熔合区或热影响区中的任何一个区域内。

焊缝区由于是铸造组织，与母材的强度差别可能不大，但是，焊缝的塑性一般不如母材。同时，焊接热输入越大，焊缝的性能下降的趋势也越大。

非时效强化的铝合金，熔合区的主要问题是因晶粒粗化而降低了塑性；时效强化的铝合金焊接时，熔合区不仅晶粒粗化，而且还可能因晶界液化而产生裂纹。所以，焊缝熔合区的主要问题是塑性降低。

非时效强化的铝合金和能时效强化的铝合金焊后热影响区的表现，主要是焊缝金属软化。

8. 焊接接头的耐蚀性

铝及铝合金焊后，焊接接头的耐蚀性一般都低于母材。影响焊接接头耐蚀性的主要原因有：

（1）由于焊接接头组织的不均匀性，使焊接接头各部位的电极电位产生不均匀性。因此，焊前焊后的热处理情况，就会对接头的耐蚀性产生影响。

（2）杂质较多、晶粒粗大以及脆性相的析出等，都会使耐蚀性明显下降。所以，焊缝金属的纯度和致密性是影响接头耐蚀性的原因之一。

（3）焊接应力的大小，也是影响耐蚀性的原因之一。

三、铝及铝合金的焊接工艺特点

根据铝及铝合金的焊接特点，应用较多的焊接方法的主要有焊条电弧焊、手工钨极氩弧焊。

1. 焊条电弧焊

（1）焊条电弧焊工艺要点。铝及铝合金焊条电弧焊实际应用不大，只是在厚板焊接或厚度较大的铝铸件的补焊才使用。因为，铝焊条的药皮极易吸潮，不便保管，所以，限制了焊条电弧焊工艺在铝及铝合金焊接上的应用。厚度较大的焊件，焊前要进行预热，预热温度为100~300 ℃，焊接时，采用短弧进行焊接，焊条与焊件垂直、并且做直线往复运条。

（2）焊接参数。铝及铝合金焊条电弧焊焊接参数见表4-15。

表4-15　　铝及铝合金焊条电弧焊焊接参数

板厚（mm）	焊条直径（mm）	焊接电流（A）	电弧电压（V）	电源极性
<3	3.2	80~110	20~25	直流反接
3~5	4.0	110~150	22~27	
5~8	5.0	150~180		

2. 手工钨极氩弧焊

（1）手工钨极氩弧焊工艺要点。手工钨极氩弧焊适用于焊接

0. 5~5. 0 mm 的铝及铝合金焊件。当焊件的厚度大于 5 mm 或大型铸件的焊补时，焊前应进行全部或局部预热至 150~450 ℃。因为铝及铝合金易氧化，所以焊接电源应采用交流电源或直流反接电源，利用阴极破碎作用，使正离子撞击熔池表面的氧化膜，使焊接正常进行。如果采用直流反接电源，钨极电流承载能力较低，不仅焊接电弧的稳定性较差，焊接熔池浅而宽，而且焊接生产率也较低。所以，铝及铝合金焊接时，最好采用交流电电源。焊接时，最好采用陶质喷嘴，以免在焊接过程中击伤焊件表面，钨极神出喷嘴的长度为 4~8 mm，喷嘴与焊件的夹角为 75°~85°，焊接过程钨极始终与焊丝间距保持在 2~5 mm。

铝及铝合金手工钨极氩弧焊的引弧采用脉冲引弧或高频振荡器引弧，不允许在焊件上直接引弧，为了防止引弧处出现裂纹缺欠，可先在石墨板或铝板上引燃电弧，然后等到电弧燃烧稳定后，再将焊接电弧引入焊接区。

手工钨极氩弧焊焊接铝及铝合金时，通常采用左焊法，即焊接过程中，焊接电弧自右向左移动。焊枪应平稳而匀速地向前做直线运动，并且保证弧长稳定。为了防止出现焊缝咬边缺欠和确保焊缝熔透，焊接时要保持短弧焊接（不加焊丝时弧长应保持 0. 5~2 mm，加焊丝时弧长为 4~6 mm）。为了避免焊丝端部氧化，焊丝在电弧下移动时，不要移出氩气保护范围之内。焊接过程的重新引弧时，引弧处应在弧坑前面 20~30 mm 的焊缝上，然后再移向弧坑，使弧坑受到充分加热熔化后再向前接续焊接。

刚开始焊接时，焊枪从距焊件端部 15~25 mm 处，采用右向焊法焊接至始焊端，然后再采用左向焊法从始焊端开始正式焊接。

焊缝进行接头焊接时，电弧在断弧处引弧，待电弧燃烧稳定后向右移动 10~15 mm，然后再向左移动焊枪，在接头处熔化形成熔池后，立即填加焊丝进行正常焊接。

填加焊丝的方法有两种：推丝填丝法和断续点滴填丝法。推丝填丝法，焊接时焊枪不摆动，适当加大焊接电流和焊接速度，用短弧焊接。填丝时，焊丝沿着焊枪前进的方向紧贴着焊缝左侧，向熔池做推动式填丝，并且焊丝不脱离熔池，每次向熔池的填丝量不要过多，此法适用于 T 形接头及搭接接头的焊接。断续点滴填丝法，焊接过程中，焊丝在氩气保护区内，向熔池边缘以滴状形式往复加入，此时，焊枪视熔池熔化情况、焊缝宽度情况可做轻微摆动。此法适用于对接、角接和卷边对接接头的焊接。

（2）焊接参数。手工钨极氩弧焊铝及铝合金焊接参数见表 4−16。纯铝、铝镁合金手工熔化极氩弧焊焊接参数见表 4−17。

表 4−16　　手工钨极氩弧焊铝及铝合金焊接参数

<table>
<tr><th>板厚（mm）</th><th>钨极直径（mm）</th><th>焊丝直径（mm）</th><th>焊接电流（A）</th><th>喷嘴直径（mm）</th><th>氩气流量（L/min）</th><th>焊接层数（正/反）</th></tr>
<tr><td>1.0</td><td>1.5~2.0</td><td>1.5~2.0</td><td>30~60</td><td>5~7</td><td>4~6</td><td rowspan="3">1</td></tr>
<tr><td>2.0</td><td>2.0~2.5</td><td>3.0</td><td>60~80</td><td>6~8</td><td>6~8</td></tr>
<tr><td>3.0</td><td>2.0~3.0</td><td>3.0~3.5</td><td rowspan="3">120~140</td><td>8~10</td><td rowspan="2">8~12</td></tr>
<tr><td>4.0</td><td>23.0~4.0</td><td>3.0~4.0</td><td>8~12</td><td rowspan="2">1~2/1</td></tr>
<tr><td>5.0</td><td>3.0~4.0</td><td rowspan="2">4.0</td><td rowspan="4">12~14</td><td rowspan="3">9~12</td></tr>
<tr><td>6.0</td><td>4.0</td><td>180~240</td><td>2/1</td></tr>
<tr><td>8.0</td><td rowspan="3">4.0~5.0</td><td rowspan="3">4.0~5.0</td><td>220~300</td><td>2~3/1</td></tr>
<tr><td>10.0</td><td>260~320</td><td rowspan="2">12~15</td><td rowspan="2">3~4/1~2</td></tr>
<tr><td>12.0</td><td>280~340</td><td>14~16</td></tr>
</table>

表 4-17　　纯铝、铝镁合金手工熔化极氩弧焊焊接参数

<table>
<tr><th>板厚（mm）</th><th>钨丝直径（mm）</th><th>焊丝直径（mm）</th><th>预热温度（℃）</th><th>焊接电流（A）</th><th>氩气流量（L/min）</th><th>喷嘴孔径（mm）</th><th>焊接层数（正面/反面）</th><th>备注</th></tr>
<tr><td>1</td><td>2</td><td>1.6</td><td rowspan="6">—</td><td>45~60</td><td>7~9</td><td>8</td><td rowspan="3">正 1</td><td>卷边焊</td></tr>
<tr><td>2</td><td>2~3</td><td>2~2.5</td><td>90~120</td><td rowspan="2">8~12</td><td rowspan="3">8~12</td><td>对接焊</td></tr>
<tr><td>3</td><td>3</td><td>2~3</td><td>150~180</td><td rowspan="9">V 形坡口对接</td></tr>
<tr><td>4</td><td rowspan="2">4</td><td>3</td><td>180~200</td><td rowspan="2">10~15</td><td rowspan="3">1~2/1</td></tr>
<tr><td>5</td><td>3~4</td><td>180~240</td><td>10~12</td></tr>
<tr><td>6</td><td rowspan="3">5</td><td>4</td><td>240~280</td><td rowspan="3">16~20</td><td rowspan="3">14~16</td></tr>
<tr><td>8</td><td rowspan="3">4~4.5</td><td>100</td><td>260~320</td><td>2/1</td></tr>
<tr><td>10</td><td>10~150</td><td>280~340</td><td rowspan="2">3~4/1~2</td></tr>
<tr><td>12</td><td>5~6</td><td>150~200</td><td>300~360</td><td>18~22</td><td rowspan="2">16~20</td></tr>
<tr><td>16</td><td rowspan="2">6</td><td rowspan="2">5~6</td><td>200~220</td><td>340~380</td><td>20~21</td><td>4~5/1~2</td></tr>
<tr><td>20</td><td>200~260</td><td>360~400</td><td>25~30</td><td>20~22</td><td>20~22</td></tr>
</table>

四、交流钨极氩弧焊操作实例

实例　铝合金管水平固定手工钨极氩弧焊焊接

1. 试件尺寸及要求

（1）试件材料：5A02 铝合金管。

（2）试件及坡口尺寸：外径 51 mm×长 150 mm×厚 3 mm，共两件，机械加工下料，I 形坡口。

（3）焊接要求：单面焊双面成形。

（4）焊接材料：焊丝 HS331，ф3.0 mm。氩气纯度 99.99%。

（5）焊机：WSE5-315 手工交直流钨极氩弧焊机。

（6）辅助工具和量具：钢丝刷、焊缝万能量规、锤子、钢直尺、划针、样冲、三角刮刀，不锈钢丝轮。

2. 试件装配

（1）准备试件。采用不锈钢丝轮打磨或用三角刮刀刮削，清除焊件坡口面及两侧周围各 15 mm 内的氧化膜，或用化学溶液进行清理，化学溶液成分见表 4－18。用丙酮擦拭焊丝表面的油、污、垢等。

表 4–18　　铝合金化学清理溶液成分

金属	腐蚀溶液成分	中和用溶液
铝及铝合金	每升水中：H_3PO_4 110~155 g， $K_2Cr_2O_7$ 或 $Na_2Cr_2O_7$ 0. 8~1. 5 g 温度 30~50 ℃	每升水中： HNO_3 15~25 g 温度 20~25 ℃

（2）试件装配。把打磨好的试件装配成 I 形坡口的对接接头，间隙为 2 mm，在时钟的 10 点和 2 点的位置各定位焊 20 mm。

3. 焊接参数

5A02 铝合金管水平固定手工钨极氩弧焊焊接参数见表 4–19。

表 4–19　LF2（5A02）铝合金管水平固定手工钨极氩弧焊焊接参数

焊层	钨极型号及规格（mm）	钨丝伸出长度（mm）	喷嘴直径（mm）	气体流量（L/min）	氩气纯度（%）	焊丝直径（mm）	焊接电流（A）	电压（V）
1	WCe-20 ϕ3. 2	4~6	10	8~12	99. 99	3. 0	90~110	12~14

4. 焊接要点及注意事项

为了焊好水平固定管，把水平管的焊缝按时钟的相对位置表示，具体操作如下：

（1）采用蹲位焊接，把焊件固定在适当的高度，焊缝分为两个半圆，焊工先焊左半圆焊缝（沿顺时针方向焊接）还是先焊右半圆焊缝（即沿逆时针方向焊接），由焊工决定。起弧点在时钟 6 点的左或右附近。

调整好角度后，从 6 点处开始引弧，进行前半圈的焊接，焊接电弧控制在 3~4 mm，当被加热的焊件表面熔化后，此时，应该向熔池填加 1~2 滴焊丝熔滴，然后，在电弧停留 8~10 s 后，再填加焊丝，熔池的直径应控制在 7~9 mm。引燃焊接电弧后，焊枪沿着焊缝做平稳的直线匀速向上移动焊接。

（2）仰焊段的焊接。由时钟 6 点向 4 点区域（或者由 6 点向 8 点）焊接时，为了防止焊缝根部下塌，此时，焊丝应送入熔池内 1/3 处，并且还要有向上推的动作。

（3）立焊段的焊接。由时钟 4 点向 2 点区域（或者由 8 点向 10 点）焊接时，焊丝应送入熔池的 1/4 处，而且焊接速度要比仰焊速度快些，防止熔化的铝液下淌。为了防止背面焊缝余高超高，焊接过程中焊丝端部不要采取向下压送的方法，防止背面焊缝余高超高或出现夹焊丝现象。

（4）平焊段的焊接。由时钟 2 点向 12 点区域（或者由 10 点向 12 点）焊接时，焊丝送入熔池的 1/5 处，而且焊接速度比立焊速度稍快些，避免背面焊缝下塌和正面焊缝余高过高。

当两个半圆焊缝都焊至时钟的 12 点位置时，两半圆的焊缝应重叠 10~12 mm，并且利用焊机的衰减装置，逐渐减小焊接电流收弧，此时应控制熔池的温度，防止焊缝因温度过高而烧穿或背面焊缝产生下塌。断弧后不能立即关闭氩气，为了防止钨极氧化和保证收弧质量，需要等到钨极呈暗红色后（一般为5~10 s）再关闭氩气。

（5）焊缝清理。焊后用不锈钢丝轮打磨焊缝，清理氧化膜和焊接飞溅。